妆色当道

——彩妆王子古小伟的化妆密技

古小伟 著

Makeup Prince

广西科学技术出版社

图书在版编目（CIP）数据

妆色当道——彩妆王子古小伟的化妆秘技/古小伟著.—南宁：广西科学技术出版社，2011.5 ISBN 978-7-80763-602-1

Ⅰ.妆… Ⅱ.古… Ⅲ.化妆-基础知识 Ⅳ.TS974.1

中国版本图书馆CIP数据核字（2011）第002502号

ZHUANG SE DANGDAO——CAI ZHUANG WANGZI GU XIAOWEI DE HUAZHUANG MI JI
妆色当道——彩妆王子古小伟的化妆秘技

作　　者：古小伟
责任编辑：钱　俊　崔　洁　　封面设计：门乃婷
责任校对：曾高兴　田　芳　　版式设计：嫁衣工舍
责任审读：张桂宜　　责任印制：韦文印

出 版 人：韦鸿学　　出版发行：广西科学技术出版社
社　　址：广西南宁市东葛路66号　　邮政编码：530022
电　　话：010—85893724（北京）　　0771—5845660（南宁）
传　　真：010—85894367（北京）　　0771—5878485（南宁）
网　　址：http://www.gxkjs.com　　在线阅读：http://www.gxkjs.com

经　　销：全国各地新华书店
印　　刷：北京盛源印刷有限公司
地　　址：北京市通州区漷县镇后地村村北工业区　邮政编码：101109
开　　本：710 mm×980 mm　1/16
字　　数：150千字　　印张：10.5
版　　次：2011年5月第1版
印　　次：2011年5月第1次印刷
书　　号：ISBN 978-7-80763-602-1 / TS・7
定　　价：36.00元

目录

妆色当道
彩妆王子古小伟的
化妆秘技

Chapter 5

彩妆达人·化妆箱的秘密

Chapter 6

幻彩美妆50款大秀·重点秘技大公开

妆色当道
彩妆王子古小伟的
化妆秘技

轻熟女梦妆狂想曲　116

派对女王越夜越美丽　142

妆色当道　爱我所爱　160

这本书，是一份酝酿了14年的珍贵礼物！

献给所有和我一样，爱彩妆、爱美的朋友！

14年前，我从零开始走进彩妆世界，到小有成绩的今天，除了有许多的感触与感谢，我对彩妆的使命感，也与日俱增！

在这十几年的追梦之路上，我大多的时候，都是靠着自己的摸索前进，途中跌跌撞撞，挫折不断，有时候甚至会心灰意冷……说真的，这一路上，虽然我从来没放弃过彩妆之梦，但我是备感孤单的！我是多么希望有过来人，能在我起步时，提点我方向和必修的基本技巧；能在关键的时刻，为我指点迷津！

因着这样的心情，我希望自己能够为所有彩妆迷，准备一本完全无私、掏空我心血的完整彩妆教学书。能把自己，或是好友，或是客户都变得更加美丽动人。我希望这本书，能让大家绕过我走过的冤枉路，花最短的时间，就学到古小伟认为最实用、最独门的彩妆技巧。

我不担心古小伟的最高机密，一次全都露给大家！

我只担心原本爱美的你，因为刚开始学习化妆时手忙脚乱，就在追求美丽的路上止步了；担心原本喜爱彩妆的你，因为挫折无助，就轻易地放弃了彩妆梦！

我认为化妆是女人爱自己的一种方式，是女人必修的人生课。希望从这份礼物开始，我们可以一起圆彩妆的美丽之梦！

你准备好了吗，尽情享受魔法化妆术带给你的幻彩之旅，让你的美丽365天不打烊！

古小伟

Chapter 1

超级名模妆前急救秘技

Wei's Top Secret

肤况好糟糕，妆都上不去，该怎么办

皮肤状态不好，肌肤干燥、脸部浮肿、黑眼圈严重、毛孔粗大等等，都是很多人上妆前才发现的噩梦。肌肤底子不好，就无法表现完美妆容。这也是我在不同工作场合中，面对不同模特儿时，常会遇到的棘手问题。现在我就要跟大家分享，我多年来在后台所发现与累积的急救妙方，让你在妆前，快速搞定问题肌肤与明显瑕疵。不管面对何种肤质与肤况，都能化出无懈可击的妆容！

完美贴妆肌・日常保养术

所谓的贴妆肌，就是容易上妆、吃妆，肤况良好的肌肤。在贴妆肌上，使用妆前产品时，你会发现粉底液相当容易推匀，不论是使用指腹还是海绵都很滑顺，就算用粉凝霜也完全不会卡粉；即便使用了质地较干的粉条产品，也不会感到不吃妆。这种好上妆的完美肤质，可以让上妆的时间缩短，让妆感大大加分。贴妆肌关键就在于肌肤拥有良好的保湿度。如何在日常保养中养成贴妆肌，下面的保养重点你一定要掌握。

化妆棉先蘸取化妆水，在皮肤表层先擦拭一次。

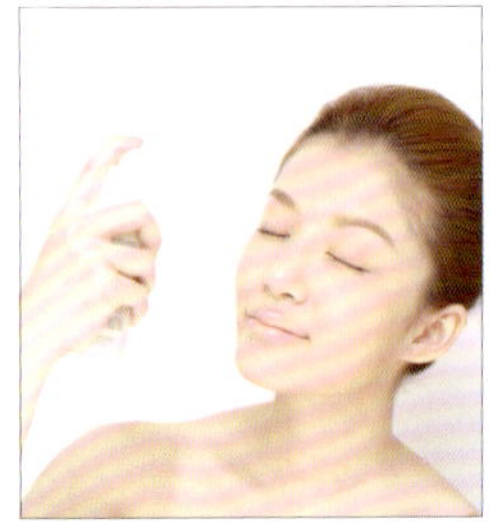

Step 2

喷上保湿化妆水。

在脸上轻拍，让血液循环以及保湿产品吸收更好。

涂上保湿性佳的乳液或是精华液，再轻拍，直到吸收为止。

使用手上的温度，在脸上轻压。

Step 6

白天涂上隔离修饰乳，防止紫外线伤害。

1. 保湿与防护双管齐下

妆前的肌肤保养要点，因每个人的肤质会有所不同，而且因所处的环境温度也会有所不同。比如，干性肤质，就一定要加强使用保湿滋润型的保养品，若有脱皮的情况发生，就必须赶紧进行局部湿敷的工作。而偏油性肤质的人，则需要使用清爽型的保养品，或是可控油的保养品，以减少出油脱妆的情况。一般中性和混合肤质，则可依所处的环境温度或在不同的部位，选用控油或滋润型的保养品。另外，防护也需要做足工作，肌肤的保湿力才能提升。白天建议使用拥有防晒系数的乳液或乳霜，让肌肤在对抗紫外线时多一层防备，保有贴妆肌该有的嫩度。

2. 润色＆保湿同步

贴妆肌虽然肤质保水度佳，但上妆前还需要注意是否有肤色不均的问题；并根据自己的肤色选用保湿度高的润色型妆前产品，让肌肤的亮度能够瞬间提亮，水嫩度与持妆度再上一层楼。如此一来，在进行后续的底妆时，就不需要过度的修饰，不但能减少肌肤负担，也能保有裸妆的质感。润色妆前乳的选购，依肤色而有所不同。肤色暗沉的人，可使用紫色的妆前乳；肤色无血色、不红润的人，则可使用粉红色的妆前乳；有肤色泛红问题的人，可使用绿色妆前乳。

修饰乳颜色选择

- 白皙肌肤：白色、粉红色。
- 偏黄肌肤：白色、肤色。
- 暗沉肌肤：蓝色、透明珠光白。
- 蜡黄肌肤：紫色。

3. 贴妆肌的基本妆法

因为贴妆肌的肤况良好，所以并不需要浓重的底妆。上底妆时，只需要从T字部位往外延伸到两颊后，两颊也只需要用余粉带过即可。最后甚至不需要定妆，可直接保留粉底液的亮感或粉雾感，也就是女生们最向往的当红裸妆。也因为贴妆肌的毛孔不粗大，也没有过多的粉刺以及凸起的痘痘等瑕疵，所以更不需要做过多的遮瑕。保持原来的肌肤质地，最迷人！

玻尿酸保湿系列

完美贴妆肌·进阶保养术

湿热难熬的夏天，干性与油性肌肤都是完美妆容的大敌。如何才能调理好问题肤质，接近贴妆肌，就需要一套细细经营的保养工程。

1. 夏季保养进阶

各种肤质中，最麻烦的应该算是干性肤质。就算到了夏天，干性肌一样缺乏水分，尤其是表皮层的部位，因此很难跟底妆的粉体完美结合，浮粉及脱妆问题也会常常出现。所以，除了在上妆前要事先做好滋润及保湿外，如果有时间，或是需要面对重要场合时，建议可以先多花个十分钟敷保湿面膜。或者也可使用高机能化妆水，搭配较滋润的乳霜来做保养。妆前乳以诉求保湿的产品为主，便能将肌肤打理成易上妆肌。

想要加强保湿效果的话，前一天睡前，可敷上厚厚的修护型乳霜，再盖上热热的毛巾，来帮助成分被有效地吸收。这样一来，隔天起床后的肤触，一定会很滑润，也就不需要在妆前再进行特殊的调理。

另外夏季时，油性肌肤则要加强一周一次的去角质，让老废角质不堆积，在上妆时就不会感到皮肤粗糙难吃妆，毛孔也可因此达到紧实的效果。

2. 油性肌之妆前保养示范

油性肤质的人化妆时最常面临的就是易脱妆的问题，有时甚至连鼻头都会有脱皮的现象。因此妆前必须先将肌肤油水不平衡的问题解决。几个要点如下：

保养品。看一下手边的保养品是否为兼具保湿功效的控油产品。光是控油不能解决问题，因为油性肌很可能也是缺水肌，只有补满水分，才能舒缓脱皮，并让肌肤的油水调整至平衡状态。

化妆水湿敷。除了使用的保养品要尽量清爽外，妆前也可先针对容易出油的部位，湿敷高保湿度的化妆水，让容易出问题的部位提升保水度，过度分泌油脂的状况也就会获得控制。

保湿面膜。上妆前敷面膜，不光是对付油性和干性肤质，任何肤质状况不佳时，紧急敷上保湿面膜，对妆效都会有很大的帮助。

控油凝胶打底。上底妆前使用针对T字部位设计的控油凝胶。这类型的产品，通常有点粉粉的感觉，不但能控油，还可以修饰毛孔。使用凝胶后，再上粉底，便不会出现毛孔卡粉的问题。

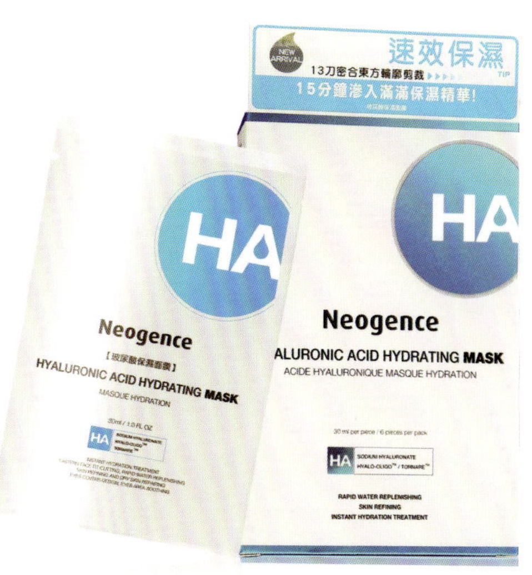

玻尿酸保湿面膜

3. 好用妆前品推荐

现在市面上有很多可以帮助妆前调理的产品，能让肌肤不管是在保湿度，以及肤色均匀度上，都能迅速飙高，让后续的上妆变得更加轻松。肌肤状况好，通常在妆前调理之后，只要简单地扑上蜜粉就可以出门了。如果需要遮瑕，请记得肌肤的遮瑕度维持在80%，才是最自然、最能呈现清透裸妆的美感。过度的遮瑕，不但无法达到完美的妆效，反而会让妆感显得厚重不自然。

市面上有很多在保养后，即可直接当底妆品使用的矿物质蜜粉和粉饼。它们让夏天的肌肤不再需要层层堆叠，既节省上妆的时间，外出补妆也不会越补越厚，更不用担心阻塞毛孔。

妆前的保养很重要，但好的肌肤基底才是根本。临时紧急的修补，不如事先做足保养，养出易上妆的好肤质来得更实在。

由左到右　玻尿酸妆前保湿精华/ Plus C斑点集中净化安瓶/ Plus C抗氧透亮美白乳液/ Plus C密集美白导入面膜

熊猫眼淡化功

黑眼圈，是困扰很多人的眼部问题。若所使用的遮瑕产品，在颜色上的选择不对，就会让遮瑕出现反效果，越遮反而让黑眼圈越明显。太过依赖遮瑕，还不如在保养的当下，就加强眼部保养的护理。黑眼圈的形成原因有很多种，有的是天生的鼻腔敏感，有的是后天的用眼过度或眼压太高，但大部分的黑眼圈，都是眼部下方微血管中的血液循环不顺畅所致。黑眼圈所形成的颜色，也都不太一样。

这时你可选择能解决黑眼圈暗沉问题的护理眼霜或眼胶。在擦上的同时，切记不要用来回拉扯的方式，要顺着同一方向，由下往上地拉提。这种方式才能让眼部的肌肤更加紧实。再运用指腹轻轻地按摩眼周，从眼头的方向开始往眼尾按压，上下眼皮都跟着这样做，就可以帮眼周肌肤达到舒缓效果，甚至能将血液不顺畅的部位揉开，让血液循环恢复正常。

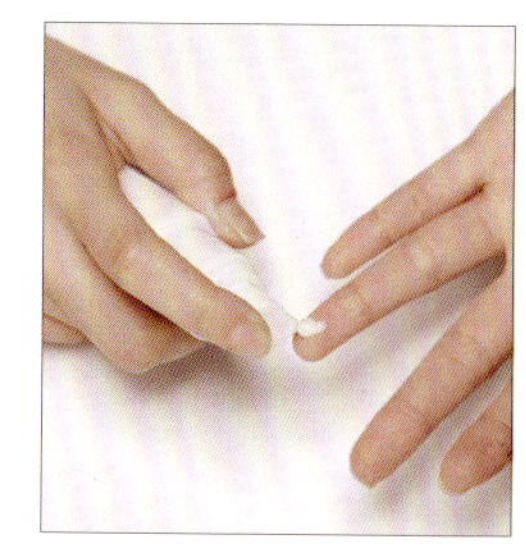

先将眼霜蘸取适合的量在无名指上，使用无名指轻弹，力道要轻柔。

在眼睛下方处轻轻弹，约100下。

再慢慢延伸到眼窝处。

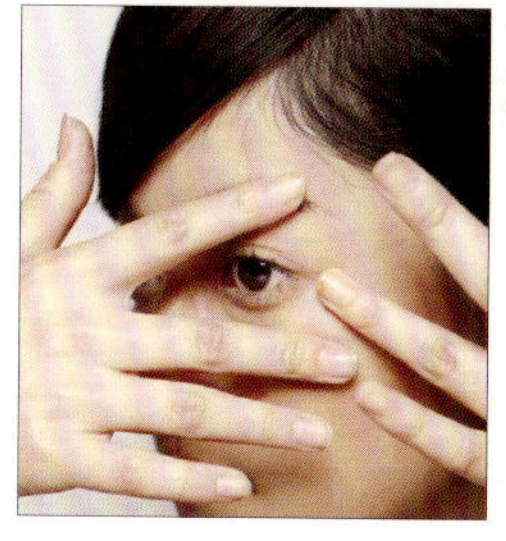

Step 4

用两指轻扳眼尾处，再轻弹，力道越轻越好。

面包脸小颜术

当你身体的新陈代谢不佳，或是前一天睡前喝太多水，这些水分在晚间找不到地方排出，就会堆积在体内，造成身体的浮肿，甚至导致蓬蓬的面包脸！建议你平常可以多准备一些保湿型的面膜冰在冰箱中，起床后，如果遇到水肿的面包脸问题，就可先敷15分钟的面膜，冰镇并消除浮肿的情形。

另外，透露个小秘诀给大家，我平常工作时，若发现模特儿有水肿的问题，我会使用简易的小脸按摩法来帮模特儿进行缩脸的工作。方法如下：

先擦上基础保养品，运用指腹按压颧骨周围的穴位，并往下巴方向继续按压，这动作来回各10次左右，持续按摩3～5分钟即可。这个简单的按摩动作，除了可以消除脸部的浮肿外，还可以拉提脸部的肌肉线条，同时促进血液循环。其实这个按摩手法，可以纳入日常保养的程序中。尤其在擦上紧实肌肤方面的保养品之后，运用按摩的方式，更可以加强保养品的吸收力，达到小脸的效果。

Step 1

从冰箱拿出保湿型的面膜进行敷脸。

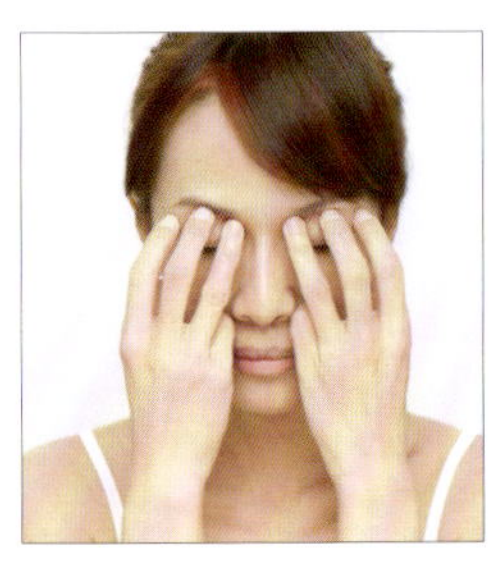

Step 2

先按压眼窝上方，将无名指贴在眼凹处，中指顶住眉毛中央下方凹处，食指放在眼尾位置，以指腹按压。

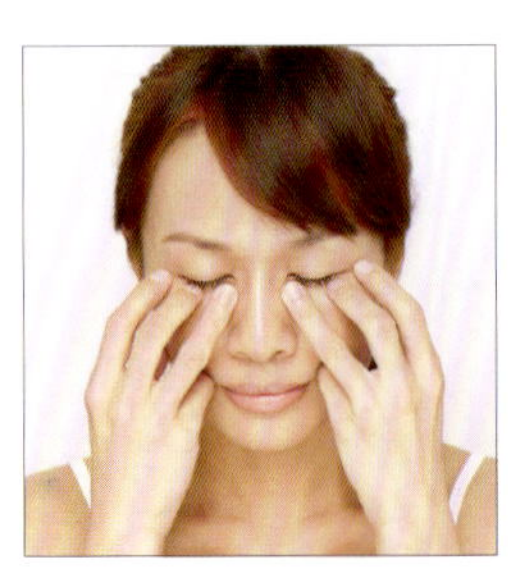

Step 3

将无名指贴近眼头下方，中指按住眼睛中间下方，食指放在眼尾处，以指腹按压。

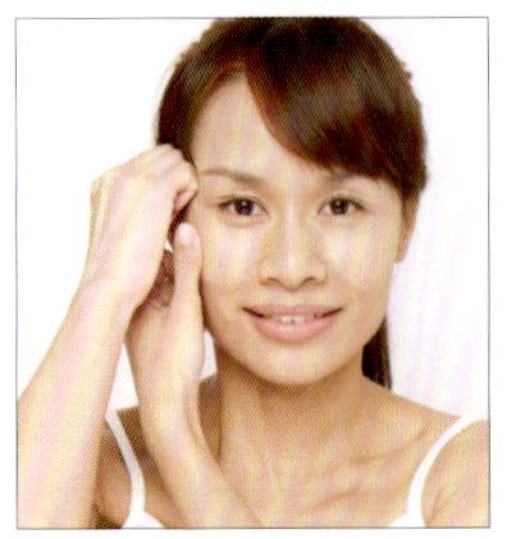

Step 4

右手拉提右边脸颊往上轻推，由颧骨上方用指腹轻推，另一边用同样方式。

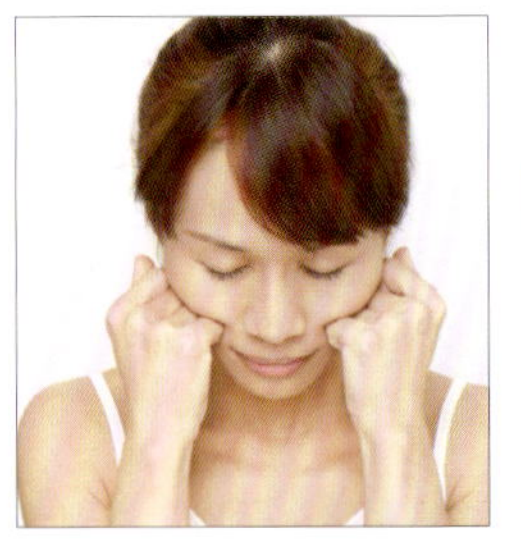

Step 5

手指第二关节，按压脸骨下方，可将手顶在桌上，轻轻按压。

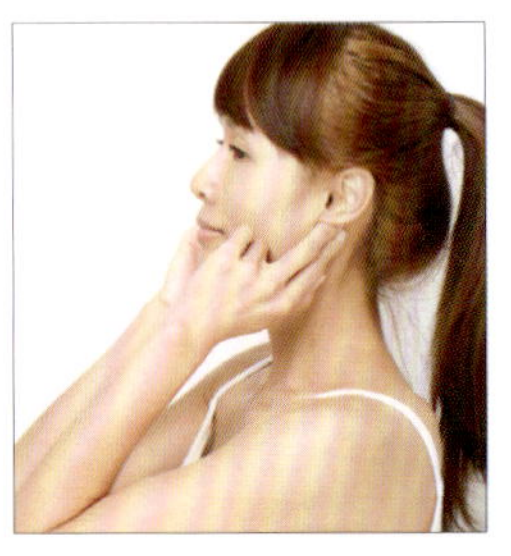

Step 6

将两指贴近耳后按压，感觉有酸酸的效果。

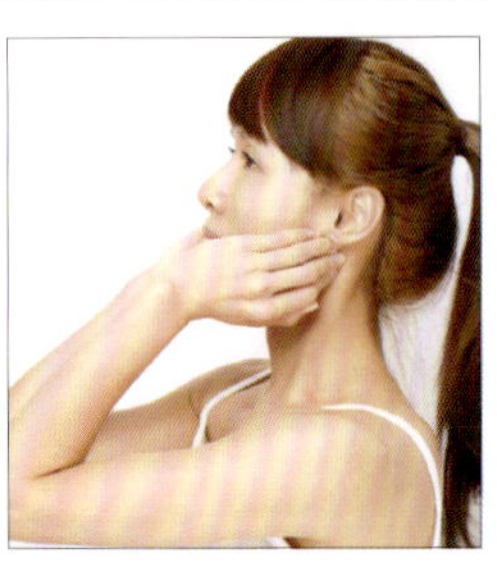

Step 7

沿着脖子方向以三指用力往下压住，沿着脖子往下推。

金鱼眼永别了

金鱼眼就是所谓的眼部浮肿或泡泡眼。这类问题如果不好好解决，不管化上什么类型的眼妆，都不会有神采。有泡泡眼问题的人，平日保养，可以选择含有矿物质与维生素及胜肽成分的眼部修护产品。这类型的成分，可以帮你在睡眠中补充眼周所需要的养分，并协助紧实眼周肌肤，让眼周再度回到无压力的状态。使用眼霜时，一样要注意指腹推抹的方向，并尽量像将眼周肌肤往上拉平的方式进行按摩。

若起床后，眼部浮肿情形仍很严重，你可以厚敷凝胶状的眼胶，让眼周肌肤马上得到舒缓，或者敷上清爽且具有紧致功效的眼膜，接着好好地闭上眼睛休息10分钟，也可以改善眼部的水肿问题。另外，上述舒缓黑眼圈的按摩手法，一样适用于眼部浮肿的问题。为脆弱的眼部肌肤做适当的调理及按摩，眼周的肌肤自然就会变得健康紧实。

一夜干燥肌

肌肤的干燥真的是万恶的根源，因为所有的肌肤问题，几乎都是因为肌肤过于干燥所引起的。比如，干性肌肤比较容易在脸部产生明显细纹、脱皮、敏感等问题，也容易加速老化，引发肌肤的油水失衡。最简单的根本解决之道，便是多喝水！因为人体有70%都是水分，而且很多体内有效物质也需要水分才能制造。当你身体缺水时，身体机能以及皮肤，就容易出状况。

保养品选择方面，以诉求保湿的产品为主，且最好在洗脸后3分钟内，马上使用保养品进行保湿。另外，针对特别干的部位，可搽两层乳液或乳霜，来加强保湿效果。睡前也可加强使用保湿型的晚安面膜（尤其是睡在冷气房中的人），经过一夜的密集滋润，隔天早晨干燥也就会消失了。特殊保养部分，则别忘了每周进行两回保湿面膜调理。

不脱妆的小妙方

容易脱妆的问题，可能发生在两种肌肤上，干性肌肤是因为脸部不吃妆，所以容易脱妆；而油性肌肤则是因为肌肤过油，油脂分泌过多后，跟脸上的底妆混在一起而造成脱妆。正如之前所云，这两样问题肌肤，只要在妆前做了日常保养的防范，就可让肌肤变成贴妆肌，并成功解决容易脱妆的问题。

如果经过日常保养的打底后，你仍然遇到脱妆的紧急状况时，拥有干性肌肤的人，可以随身携带“保湿定妆喷雾”来解决脱妆问题。使用方法为，在上完蜜粉后，先喷一下保湿喷雾来定妆，也就是利用保湿成分将粉体、水分与肌肤做更完美的贴合。即使你进入干冷的办公室，此法也可以加强你脸部的保水度，延缓脱妆。油性肌肤的人，则要慎选底妆产品，市面上很多专为油性肌肤设计的不易脱妆的相关产品，除了可防水、防油外，就算真的出油了，也不会轻易地毁掉底妆，甚至在使用完吸油面纸后，底妆仍可完整地留在脸上。

毛孔完全隐形秘技

其实很多人都有毛孔粗大的问题，因为亚热带国家的气候，容易造就混合性的肤质，这类肌肤也因为油脂过度分泌，让毛孔的紧致度越来越低。再加上老化的关系，毛孔还会从圆形转变为水滴状。毛孔粗大的困扰，可以从使用含有控油成分的产品入手，只要用在毛孔粗大的部位，就可以调理肌质，并顺便改善毛囊过度分泌油脂的问题。控油保养品，也可以当作上妆前的打底保养品，尤其是添加了硅成分的控油保养品，它能让你在毛孔尚未调理完之前，先让你看到毛孔隐形的效果。现在有许多彩妆品牌，都推出了这种可填补毛孔的妆前控油产品。使用过后，再上底妆，便可让毛孔完全隐形。另外，毛孔粗大的肌肤，还要注意避开珠光成分较多的彩妆品，比如含有珠光的粉底或是腮红。因为珠光产品拥有膨胀的效果，会放大你的脸和粗大的毛孔，必须谨慎使用。

NYX ♡ 奢华流金
小伟深度解析引领潮流的专业彩妆品牌MYX
传授你如何搭配出专属个人的奢华流金LOOK

为了呈现电力十足的奢华感，小伟老师建议用自然薄透效果的底妆产品辅以遮瑕产品来打造出透亮光泽的超美肌；并可使用由浅至深金色及咖啡色系渐层的眼影作为眼妆的底色，于眼尾处向外晕染，强化眼部立体感及魅惑眼神的无限延伸。

再大胆地用带有珠光及细细亮片效果的产品来HIGHLIGHT，画上比日常稍粗的眼线来勾勒眼部轮廓，让眼神更动人！最后，使用闪亮金粉勾勒眼头线条，高显色度晶钻亮粉装饰，奢华流金魅力瞬间破表！

Eyes

1. 选一款接近自己肤色的浅色眼影作为底色“五彩眼影－加勒比海系列”（ESP5C02－I dream of St. Marteen）刷在整个眼窝，再将较深色的眼影叠擦上去，增添眼神深邃光彩。
2. 如想让双眼减少浮肿的同时并增加立体感，可于眼皮中间刷上闪金色的眼影。如“星钻梦幻亮粉盘”(GCP09－Sweet Chocolate Dreams)。
3. 用“好眼色胖胖眼线液”(SFEM－Carbon Black) 画上黑色的眼线，让眼妆更加完美深邃。
4. 戴上有金色亮片的“精灵耀眼假睫毛”(EL147－Jewel)，再轻轻刷上“完美纤盈睫毛膏”(DE01－Long Lash)，令真假眼睫毛更密合。

Cheek

于微笑肌刷上古铜带点橙色的“明亮美肌腮红”(PB10－Sand)，使肤色显得更健康及有光泽。

Lip

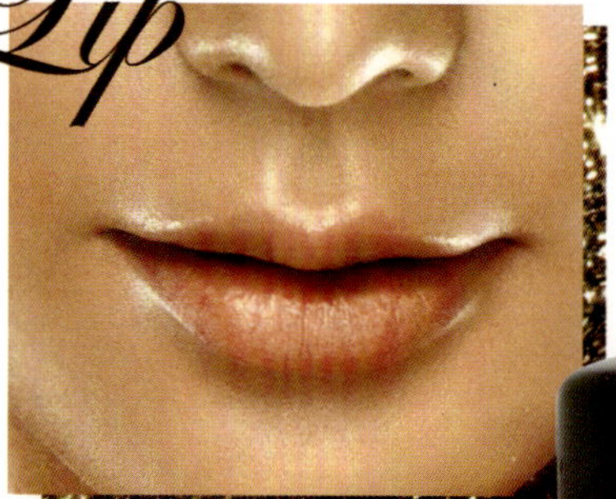

运用带有透光效果的“晶莹透光亮唇蜜”(LLP08－Manhattan)，重点打亮在嘴唇中间的位置，以光泽感来让双唇轮廓更具立体感。

Chapter 2

新手变神手·必杀武器

Wei's Top Secret

新手变神手必杀武器

“我不是专业彩妆师，但我也想自己化出完美的妆容，第一步要准备什么呢？”化妆初学者，就算技法与经验还不够充实，只要拥有几支基本的刷具，并善用自己的手，一样可以为自己的妆容大大加分，甚至简简单单的就完成令人好感度大增的完美妆容！所以，玩彩妆的第一步，就是选购最佳的辅助工具，并用心地花时间好好保养它！

五大必杀刷具出列

以下这五支刷具（由大到小排列），是我精挑出来，能让新手如虎添翼，但又能节省购置成本的必备武器。

腮红刷／兼修容刷（一支）

因为腮红与修容，都是用来蘸取有颜色的彩妆品，刷开时的范围大小也相似，所以若想省预算，可以一支两用。若荷包真的很有限，腮红品中常内附的粉扑也可以作为替代品。

蜜粉刷（一支）

比腮红刷小一点，是薄透妆容的功臣。

眼影刷（两支）

新手化妆最容易出现的错误便是“脏掉的妆容”。若能准备一支化“淡色系眼彩”时专用的眼影刷，与“深色系眼影”专用的眼影刷，做好深浅色刷具分离的工作，便能避免脏妆的窘境。

唇刷（一支）

想要随心所欲地创造不同唇形，或增加唇妆的立体感、持妆度，就要靠唇刷的功效。

选购小撇步

以下是我多年使用各式刷具后的选购心得。

动物毛、人工合成毛

动物毛刷，就是好刷具的代表！虽然价格会比较贵，但绝对是项好投资。刷具保养得好，寿命甚至可达到五到十年！马毛、貂毛、羊毛……各式动物毛刷都有其优点，均可一试。反之，人工合成毛的寿命，以及所能发挥出的妆效，就相当有限。

软毛、硬毛

你可以依自己偏爱的妆感来选择刷具。基本上，刷头越大、刷毛的触感越柔软的刷具，创造出的妆感就会越柔和。刷头越小、刷毛的触感越硬的刷具，就越适合色彩饱和度高、偏浓郁的妆感，比如烟熏妆。

不可不知的刷具保养法

好刷具，遇到用心保养的好主人，才能发挥它最好的妆效，并延长使用寿命！否则，再好的刷具，若交到懒主人手上，也很快就会寿终正寝。

1. 刷具之基础保养

每一次使用完刷具，最好就在卫生纸上将残留的余粉大致刷净，再以平放的方式，收纳进刷具包中，除了不会弄脏包包外，也能让日后的进阶保养更加省时省力。另外，即便是干的刷具，也尽量不要以刷头朝上的方式倒立着摆放在空杯或笔筒中，避免刷毛变形开花。平放，才是保留原有毛质的最好方式。

2. 刷具之进阶保养

如果是天天化妆的人，我会建议至少每两个星期，就要进行一次刷具进阶保养。如果你是一周只化两到三次妆的人，大概一个月清洗一次所有的刷具，就可以让刷具保持最佳状态了。

进阶保养的基本工具与步骤如下：

. 准备一般的中性沐浴乳（ph值5.5）即可。

. 挤出硬币大小的沐浴乳，倒进装水的杯里（水量约250毫升），先搅拌均匀，作为刷具清洗液。

. 将刷具放进搅拌好的清洗液中，慢慢地以画圈的方式，在杯中持续搅动约半分钟，即可初步清出残留在刷具上的彩妆品。（一支或是一次多支同时清洗均可）

. 为将刷具彻底洗净，你可以将清洗液倒掉，再重复一次上面的步骤。

. 打开水龙头，拿着刷具（刷头朝下），让刷毛顺着水流冲，并同时轻压一下刷毛(以利清出最顽强的残妆品)，直至冲干净为止。

. 准备一条干净的毛巾，或是一张干净的纸巾。

. 在室内选一个通风良好的地方。（以防刷具因环境潮湿，而生菌或臭掉。）

. 将刚洗过的刷具，平放在毛巾或纸巾上，让其自然风干即可。（刷子一定要平放，刷毛的毛流才不会被破坏。）

彩妆品的保存期限

彩妆品跟保养品一样，也是有保存期限的。过期的彩妆品，不但使用时的妆效会大打折扣，变质的化学品，对肌肤也会造成过敏和伤害，不可不慎。除了以看、闻的方式检查化妆品的异状与异味外，我也列出了以下各类彩妆品的保存期限，方便大家参考。

粉质、膏状（或液状）

粉质化妆品的保存期限，会比膏状化妆品来得长久。若存放在不潮湿、没有直接日晒下的通风环境中，有些粉质的化妆品可存放长达五年。膏状、乳状和液状的化妆品则至多两年。

特定单品

睫毛膏。离眼部最近的产品，最好使用三个月后就换掉，比较不容易藏细菌，或是干掉。其实，只要睫毛膏化出来的妆效，开始有纠结或结块的现象，就是换掉它的时间到了。另外，收放睫毛刷棒时，以旋转的方式收进瓶身中，睫毛膏变干的速度就会比较慢。

眼线胶。眼线胶是很容易干掉的产品，我这里有个诀窍可以延长其寿命。收放眼线胶时，记得在盖子锁紧后，将瓶身倒立着放（瓶盖朝下），防止空气往上流，就可以终结其快干的命运。

口红、唇蜜。口红因常常接触空气与较湿润的唇部，产品寿命较短，开封后约半年至一年，就需更换。唇蜜若产生油水分离的现象，就算未到期限，也请停止使用。

最后提醒大家，化妆品只要看起来状态变异，或是闻起来有油臭味，最安心的保身之道，就是弃旧迎新。

天生好手——必杀之最

妆容要美，底妆很重要。而我个人认为，新手们想要达到完美底妆的境界，其实不需要用到专业的刷具或是海绵，靠着我们天生的“好手”就可以了（还能省下一笔钱呢）。因为运用有温度的、柔软的手部与指腹，轻轻地拍打推匀，就可以让底妆相当自然且服帖，又不伤肌肤！而且不用大包小包地出门，一双好手就可以解决掉日常补妆的问题。多多运用双手，相信你创造出的妆容，也可以随时随地保持最佳状态！

Chapter 3

新手变神手·速成完美妆容

Wei's Top Secret

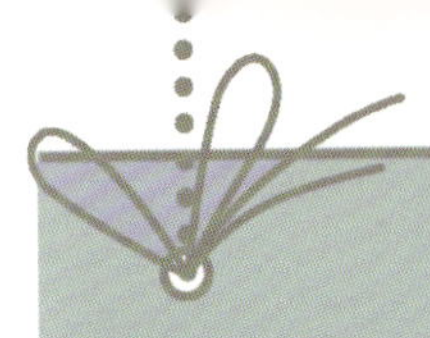

挑选适合自己的产品

“有没有什么秘诀，可以让我简单又快速地化好一个完美妆容？”

这是我最常被问到的问题之一。现在不管是讲求效率的上班族还是容易赖床迟到的学生，都希望能在出门前迅速搞定妆容。当然，不止要快速搞定，最好还能简单上手，轻轻松松就化出绝对不出错的完美妆容。这些都不是梦，看完这一章，我相信你也可以打造出大师级的完美妆容！

电眼必杀品与必杀技

眼神其实关系着整个人是否有存在感，眼妆的深邃度，也关系着你是否能散发自信，不管是在职场或团体生活中，灵活有精神的眼神，总是会特别吸引人，得到他人信任。而且不管是流行的大烟熏、小烟熏或裸妆等等，眼妆的关键——轮廓，都一定要做到最完整的程度。不管你是哪一种眼形，包括下垂眼、凤眼、大眼和小眼等等，都可以运用不同的眼妆用品，改善原本眼形的缺点，并强调出最亮眼的眼妆。

选购小撇步

眼妆中最基本的便是眼线的运用。眼线是用来改变眼形最简单的方法。因为不同的下手方向与线条粗细，都能带来不同的效果。再就是市场上竞争最激烈的两大产品，睫毛膏跟眼影。它们都朝着“放大双眼”的极致妆效迈进。不管是纤维量还是眼影的持妆度，都比以前的产品加强了好几倍。另外，如果想要创造更明显的电眼效果，就必须准备假睫毛！假睫毛虽然已经流行很久了，但被女性天天爱用的盛况，也是最近才开始的大趋势。懂得使用这些产品的技巧，连细小的单眼皮都可以马上变成水汪汪的双眼皮！

除了眼线要打造电眼，还必须把着重点放在烟熏眼影以及睫毛的部位。因为电眼除了要保有眼部的深邃度，还要能拥有浓密的翘睫。所以在使用步骤上，我的建议是：

先使用平常习惯的眼线产品，描绘出眼部的轮廓。

1. 眼线

先使用平常习惯的眼线产品，描绘出眼部的轮廓。

2. 眼影

接着使用眼影，做阶段性的上色，最后一定要使用深色眼影来加强眼部的暗面，点出立体度。大小烟熏妆感，则可以依场合去做选择，如果眼形有问题，也可以用眼影来改善。比如想要放大眼睛的宽度，就可以用深色眼影拉长眼尾，也可以将眼影直接叠在眼线上，让颜色更加饱和。

3. 睫毛膏

睫毛膏的运用是有次序的。你可先使用纤长款，再使用浓密款，来加强电眼效果，如果想拉长双眼，可多刷几下眼尾，如果想要有瞳孔放大的效果，可多刷几下眼睛中间部位的睫毛。

4. 假睫毛

假睫毛部分可依个人的眼形来判断是否要加强，也可以局部使用，只在眼尾部分贴上假睫毛，也会有相当的效果。

简单打造晶莹好肤质

裸妆这类型的底妆效果，人见人爱，“自然妆感”及“看起来没上妆”已经成为众女性的渴望。同样的，好肤质更是受到重视。因为所谓的裸妆就是要让人感觉不到有妆感，创造好肤质就变成相当重要的课题。

1. 找出问题

可以先检视素颜时的自己，脸上的肌肤有哪些问题，比如肤色不均、斑斑点点比较多、黑眼圈以及泛红等等。另外，肤质的特性也关系着你是否可以拥有好肤质。好肤质的养成，一定要在上底妆之前就先进行改善，才能打造出最佳的妆效。比如，你的肤色不均是偏哪一种色调，即可针对不同问题肤色，选用粉红、绿色或紫色的润色妆前品。

2. 选择适合的妆前品

干性肌肤的妆前保湿产品，则可选用能增加后续底妆延展性的产品。而油性肌肤，除了须先使用妆前控油产品外，有些人还需要进行遮毛孔或遮痘疤的步骤。斑点多的人，更需要使用遮瑕产品来做局部的修饰。另外，干性肤质也可以选择高保湿度的粉底液，油性肌肤的人瑕疵较多，所以选择能填补修饰毛孔的妆前产品就很重要。

肤色不均的人则需要使用润色产品，肤色过白者，可使用粉红色，肤色暗沉的人则选用紫色，因为痘疤或敏感所导致的泛红肌，就应该使用绿色的润色产品。可依个人需求，做全脸或局部的使用。润色之后，肌肤就开始呈现出较完美的肤色了。上述这些从保养后到底妆前的“秘密武器”一定要使用！当这些部分都准备妥当后，粉底液就真的可以选择超薄透的产品，然后再使用蜜粉来定妆，自然拥有漂亮的好肤质。

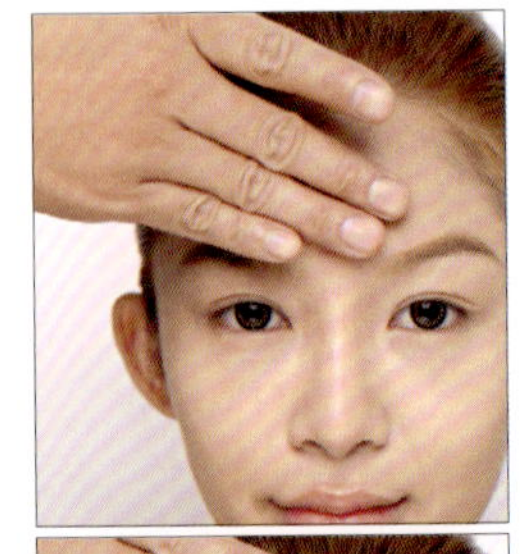

蘸取粉底后，从额头中间往外轻推。

剩余的粉底从发髻推开。

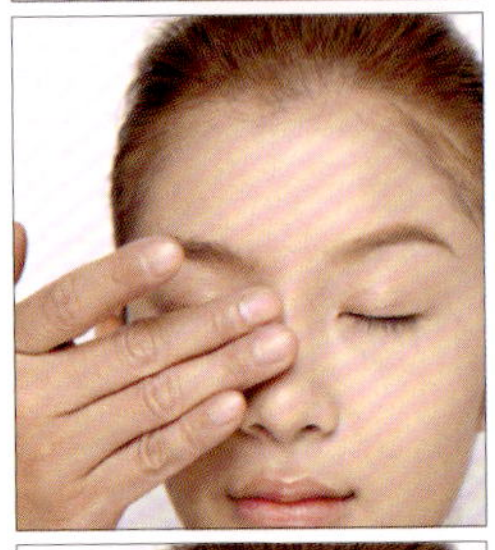

Step 3

沿着鼻子下来到鼻翼处均匀推开。

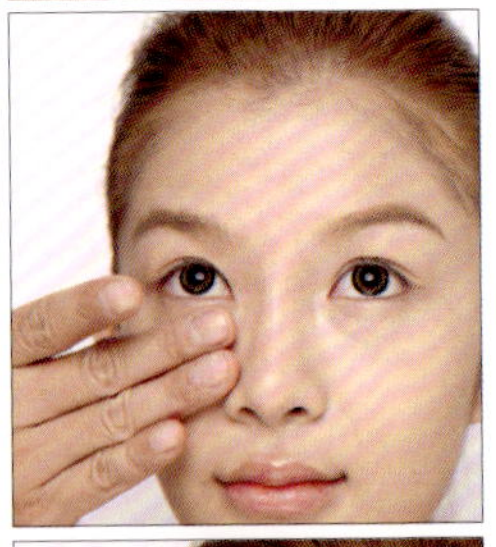

Step 4

从眼睛下方由内往外均匀轻轻推开。

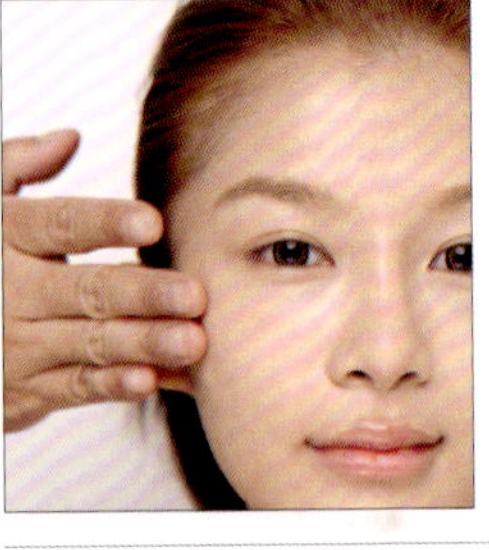

Step 5

剩余的粉底，轻轻地往外推。

大师神技P.S

要服帖一点的妆感，最后可以用手掌轻压脸颊、额头，再上少许蜜粉。

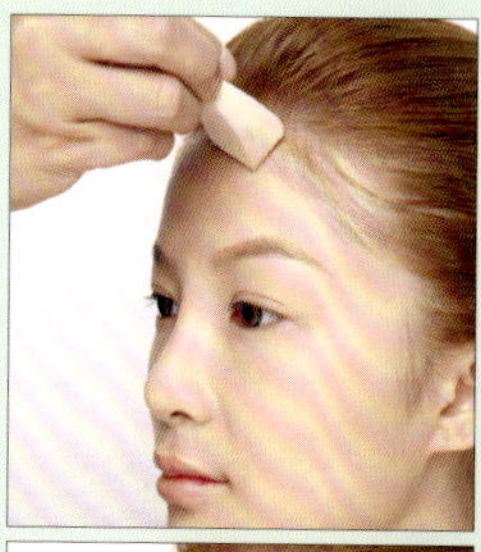

Step 1

用海绵由额头处，往外轻点开来。

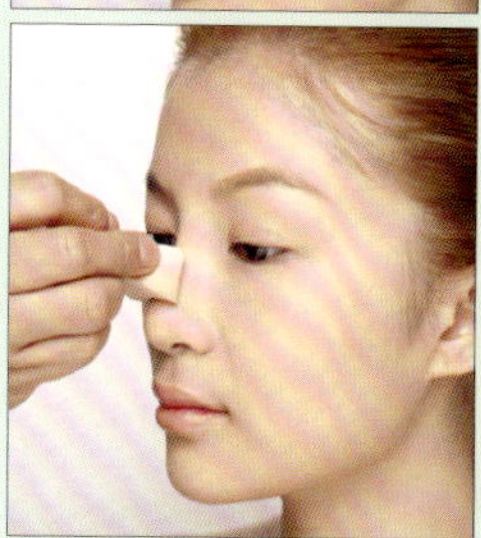

沿着鼻子往下延伸到鼻翼。

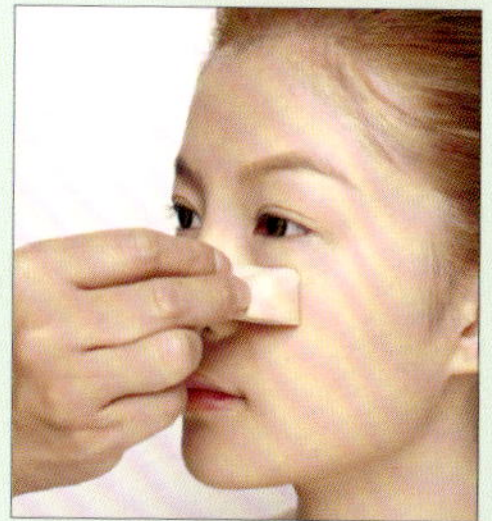

Step 3

两颊用弹压向外延伸轻推粉底。

Step 4

眼睛四周可以使用海绵上剩余的粉底液，由内往眼尾推开。

Step 5

下巴处，由上至下推开粉底。

大师神技P.S

将海绵蘸水后拧干，用起来更加滑顺服帖，可以减少海绵吸取粉底液。

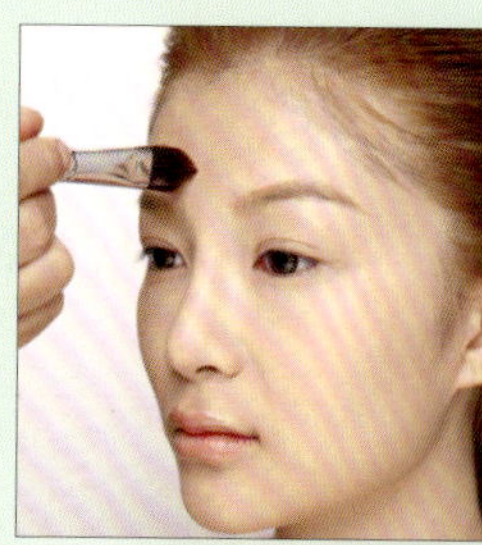

Step 1

粉底刷蘸取粉底后，粉底刷和脸呈现90度，在额头左右来回刷拭。

Step 2

沿着鼻子往下刷到鼻翼两侧。

Step 3

两颊同样以90度左右来回刷拭。

Step 4

在下巴处，由上往下刷。

大师神技P.S

粉底刷使用时，用刷子的前缘轻轻在皮肤上来回轻扫，可减少粉底不均匀现象。

3. 完美遮瑕

最后，如果还想进阶走向完美，你就该使用遮瑕笔或遮瑕膏来解决有瑕疵的“点”！而眼下部位的修饰，也很重要，一定要选用“眼部专用”的超保湿产品。将产品点在泪沟上，并用指腹轻点以及由下而上的方式来进行遮瑕。必须注意，不同颜色的黑眼圈，要选择不同的遮瑕色，才能达到完美遮瑕的效果。其实遮瑕的工作，也可以在上完底妆后再进行。因为底妆本身就有一些遮瑕效果，所以使用底妆后，再针对不足的地方加强，就可打造出清透自然的妆效。

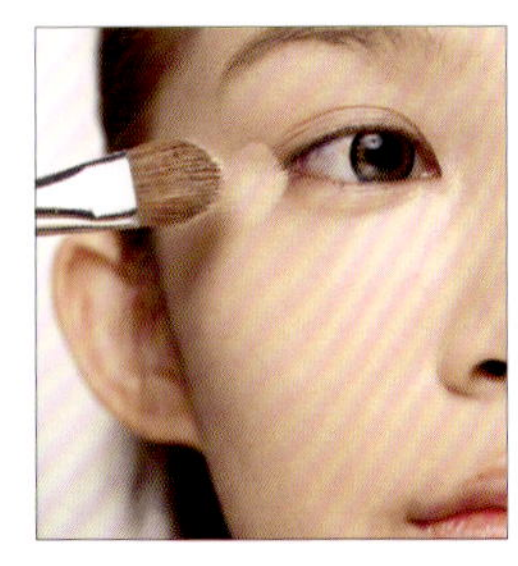

Step 1

选择遮瑕膏，在眼睛下方以及眼角泛红处刷上。

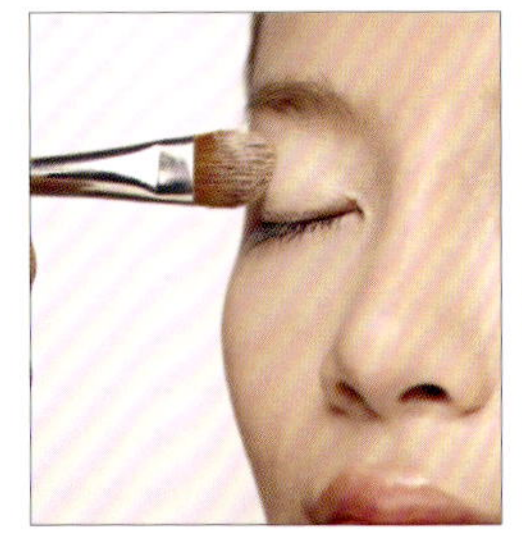

Step 2

由内往外轻刷在眼皮上。

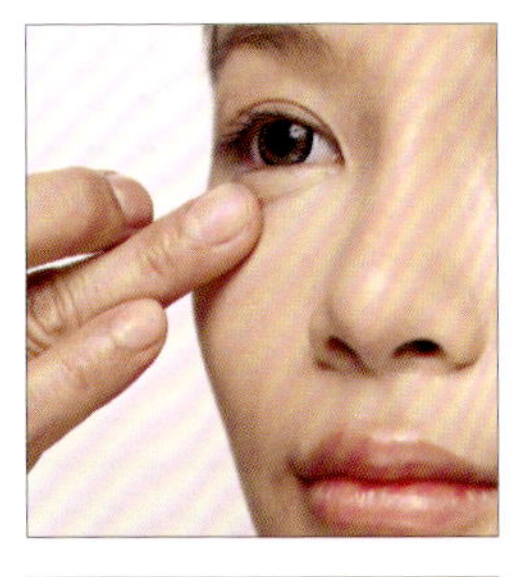

Step 3

用指腹轻轻点压开。

Step 4

用蜜粉或是粉饼轻压定妆。

大师神技P.S

选择遮瑕膏颜色：

- 紫色、蓝色黑眼圈使用橘色调遮瑕膏。
- 咖啡色黑眼圈使用黄色调遮瑕膏。

刷出完美立体美眉

眉形跟眼妆，是密不可分的！看似简单的眉毛，其实主宰着流行的变迁。像在早期就流行过的近似中性的粗眉、带着上海调调的柳叶眉、一字眉，以及淡到看不见的眉形！正因眉形会跟着流行不断地改变，所以很多文眉的人，常常会面临无法改变眉形的大问题。

1. 修眉形

眉形首重在修形。不过现在能自己将眉形修到完美的人，少之又少，所以天生眉形自然的人，其实是比起拥有双眼皮更令人羡慕的！在日本的修眉吧，几乎天天都大排长龙，可见眉形的好坏很重要，以亚洲文化来说，它还主宰着个人的运势呢！

2. 选眉色

眉形修饰完美后，接着就要进行颜色的挑选。基本上，眉色必须搭配染发的颜色。若你是经常改变发色的人，那么一劳永逸的做法就是直接选用亚麻色的产品！亚麻色不但百搭，还可以让脸看起来更年轻。

3. 立体感

眉毛最多的前端，眉妆不要下得太重，重点应该放在描绘眉峰到眉尾的后半部分；眉头的部位，只需要用眉粉轻点一下，就可以了。眉毛的前半段与后半段的颜色区隔开后，自然就可以呈现出立体色泽与妆效。提醒一下，眉毛其实不需要从头到尾都细细描绘，这样只会产生不自然的感觉，让他人看你的视觉焦点，不经意地就会集中到两道又粗又浓，深具喜感的眉毛。

选择适合自己发色的眉粉。

Step 2

用笔刷对齐瞳孔外侧，接着对上去找出眉峰。

Step 3

脸形窄的人，笔刷可以对后眼角处，找出眉峰位置。

Step 4

从眉峰位置，往眉尾处轻轻地刷上眉粉即可。

Step 5

嘴角和眼角对齐找出眉尾处，适合宽脸形的人。

Step 6

鼻翼对齐眼角找出眉尾，适合脸形窄小的人。

Step 7

从眉峰往眉尾仔细描绘。

Step 8

选浅色眉粉画眉头的部分。

Step 9

用圆头刷子，从眉头晕染。

Step 10

将深浅眉粉在中段混合，让眉毛看起来自然。

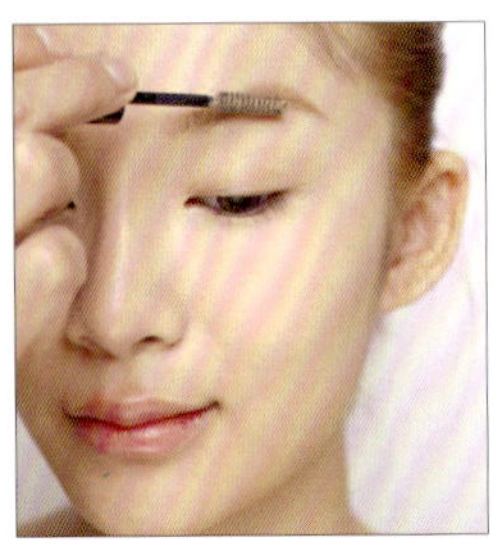

Step 11

再使用染眉膏刷在眉毛上。

Step 12

用少量的染眉膏顺刷，使眉毛自然立体。

4. 产品选购指南

市面上的眉妆产品有很多，最基本的就是可削式眉笔，和方便使用的免削式旋转眉笔。另外，还有跟眉笔搭配使用的眉粉，眉形漂亮毛发均匀的人，其实只要使用眉粉就可以打造完美的美眉。如果你希望表现出眉毛的线条感，让描绘出来的眉毛不要只是色块，你也可以使用极细的免削笔芯的产品，让描绘时也能创造出宛如真眉毛般的线条感，让妆效更为自然。

有些眉粉盒当中会同时具有三种颜色，且除了一般都会附上的棉棒外，它的棉棒笔另一端也会附上较硬质的眉刷。这种简易眉刷，其实就可以描绘出如同眉笔般的效果，也可以省去买眉笔的预算。很多人的眉形是没有眉峰的，这种先天条件，很容易让人在描绘眉形时产生挫败感。因为眉峰的高低位置不对或左右不对称的话，就会让人觉得很不自然。解决的方法，就是以瞳孔中间往后约45度角的地方作为眉峰的基准点，再以眉笔定出左右两边眉峰的高度就可以了。

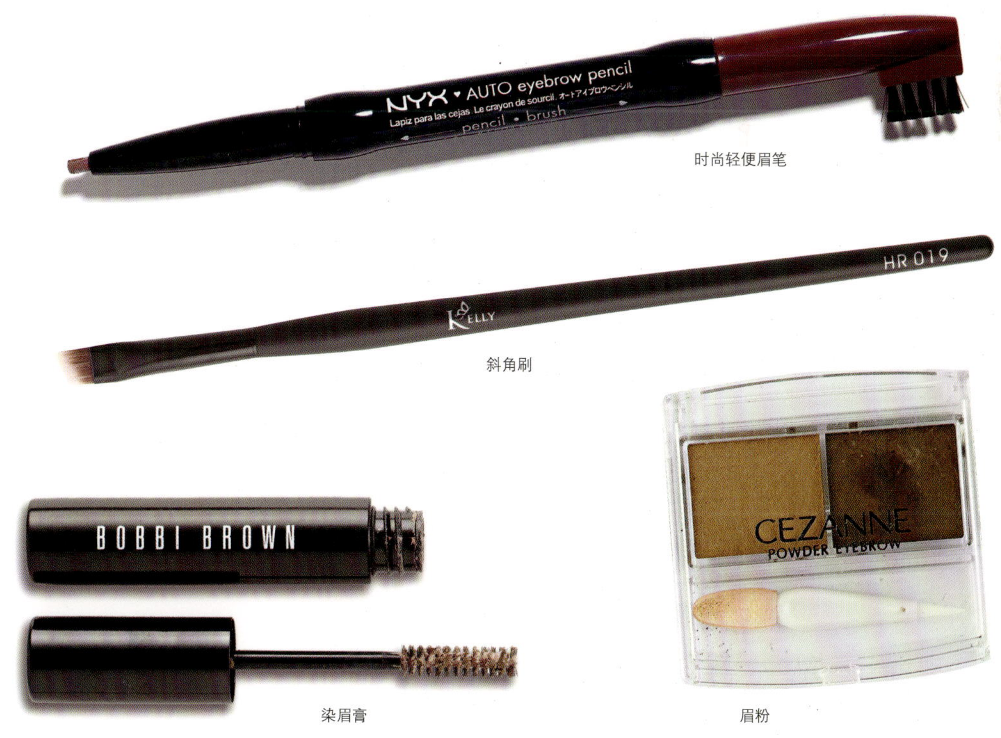

时尚轻便眉笔

斜角刷

染眉膏

眉粉

时尚超模的小颜术

“小颜”是所有女性的期望。每个人的脸形都是天生的，不管圆脸还是国字脸，都会跟你一辈子。想要完美脸形，你除了可以用发型来修饰，也可以运用彩妆品来达到修容的目的。修容的技巧，早在60年代，甚至更早之前就有了。当你在翻阅一些早期的时尚杂志时，就可以发现当时已经会在两颊上刷上深色的彩妆品，创造出凹陷小脸的视觉效果。不过当时浓重的修容感，现在看起来的确有点不自然。这种不自然的修容感，也是现在许多人常犯的修容错误。比如，选用了过深的颜色，或者刷在错误的部位。

1. 基本概念——深色、浅色

一般来说，最需要修容的脸形是圆脸以及国字脸。修容跟打亮，可算是成套的技巧。简单来说，深色的修容品，是用来在视觉上压下不想被突显的部位；而浅色修容品，则是用来膨胀想要被强调的部位。所以用深色修容饼刷，在过宽的轮廓上，就能产生脸变窄小的视觉效果；再搭配浅色珠光修容品，刷在脸部的受光面，整个脸部的轮廓突出后，就能产生自然的立体感。值得注意的是，很多人会不小心将深色刷在不对的地方，或者选择腮红的时候颜色太深，就很容易导致原本丰满的两颊变得凹陷，甚至让原本可爱的苹果肌消失不见。

2. 修脸的步骤

修容的部位包括面颊及苹果肌，以下是建议步骤：

先将苹果肌受光面刷上浅色修容品，让脸颊饱满。

使用一般的腮红色，从眼尾的部位开始，刷到苹果肌的上方。

使用深一点的修容色，从太阳穴的部位，往下刷到下巴的部位。这么做就可以让脸颊较宽的部位往后退，在视觉上变得较不突出。国字脸形的人，因为咀嚼肌的部位很突出，所以刷上深色修容的面积也必须大一点。

再将浅色修容品，刷在脸部的受光面，包括鼻梁、额头以及下巴等部位。这样就能呈现出很具立体感的深邃五官了。

Step 1

选择棕色修容饼，从鬓角往前。

Step 2

轻轻修饰至眼睛下方。越前面颜色要越浅，才显自然。

Step 3

发际处也可以轻轻晕染。

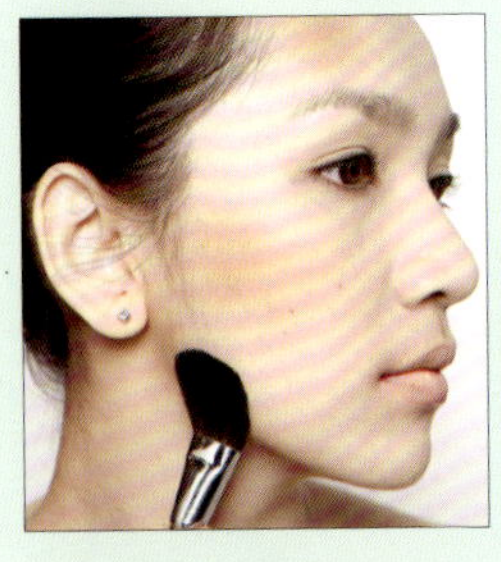

Step 4

从耳垂往下巴轻轻刷拭。

Step 5

用刷子蘸取腮红，由前面往后晕染与修容融合一起。

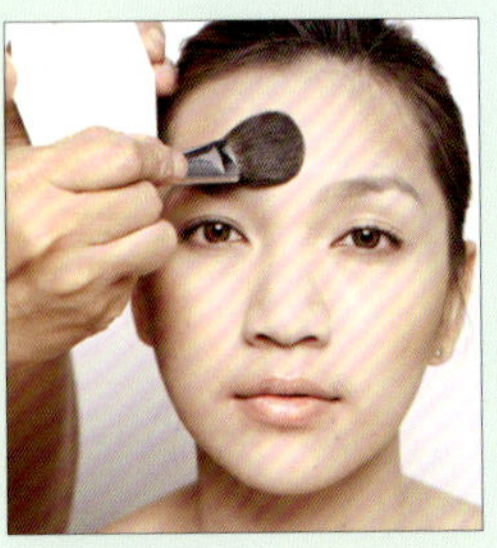

Step 6

选择米色蜜粉饼。

Step 7

在额头上的T字部位，用刷子往外均匀推开。

Step 8

眼睛下方三角形位置，由里往外轻扫。

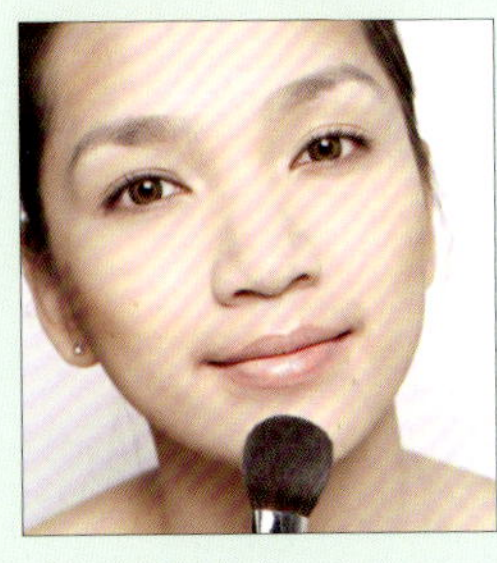

Step 9

由上往下在下巴处轻推。

3. 产品购买指南

建议大家可以选购多功能的修容盘，修容及打亮合一的设计，使用比较方便。当然也要选择适当的颜色，一般的修容盘会分成褐色系和酒红色系，在使用时，量的控制也要特别注意。最完整的修容盘通常会有五色之多，在包装外盒背面也都有修容技法的说明。

绝对吸引超Q唇

唇部真的是五官中最性感的部位，而且“口红哲学”中提到过，就算口袋只剩下购买一款彩妆品的预算，也一定要为双唇买支口红！因为只要画上口红就能拥有好气色，画上口红就好似上了妆。在裸妆大行其道后，裸唇色也开始流行。各品牌都推出了非常多的裸唇色系，有偏肤色、偏粉红、偏褐色的各种裸色。如何让这种偏向无色彩的裸唇，看起来更完美、水嫩，唇妆的立体度以及饱满度就变得相当重要。

1. 唇部日常保养

虽然，如何使用唇膏搭配唇蜜是丰唇的重点，但平日的唇部保养也不能忽略。除了要注意不能让唇部出现干燥的状况外，也要尽量使用眼唇卸妆类的产品对唇部进行温和清洁。另外，平时也不要过度摩擦双唇，睡前若使用唇部保养品加强按摩，唇部也会更嫩。

2. 唇部妆前急救

如果上妆前发现唇部的状况不好，比如有脱皮或大量细纹等现象，可先使用大量的护唇膏或唇油先敷个1分钟，再用指腹以绕圈圈的方式帮双唇按摩。接着使用棉花棒，慢慢地将脱落的死皮推去，你会发现双唇除了变红润外，唇纹也会明显改善。

3. 修饰唇色

改善唇色相当重要。唇色过深或过浅都会影响水嫩的效果，所以市面上有很多唇部专用的遮瑕产品，或者也可以使用滋润度较高的遮瑕品，先将唇部原本的颜色盖过后再上色，就较能表达出唇彩想呈现的色泽。而虽然唇蜜是现今人人必备的彩妆品，但唇蜜与唇膏的搭配使用，才能达到最完美的立体丰唇感喔！

4. 美唇重点步骤

先以护唇膏打上一层底，再选择水润度高的口红上色，最后再用浅色、有珠光成分的唇蜜点在双唇中间，轻轻地抿一下双唇，就会呈现出可爱的水嫩立体感。你也可以使用褐色唇膏加金色唇蜜，呈现出更性感的立体双唇。另外，唇形不够饱满的人，也可以运用同色系的唇线笔，先修饰唇形，让唇峰的形状更明显些；或是将下唇边的线条往外多画出去一点。简单来说，就是将唇部画得更大一点、性感一点，最后再加上唇膏或唇蜜，就可以创造出前所未有的丰唇效果了。

修饰唇边暗沉

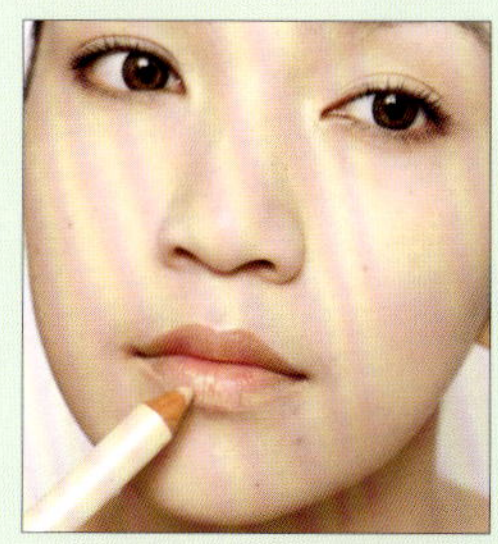

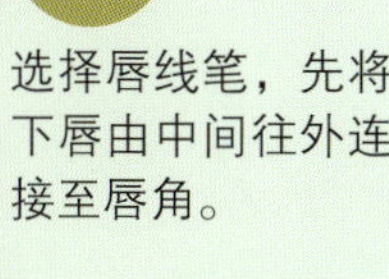

选择唇线笔，先将下唇由中间往外连接至唇角。

Step 2

上唇由唇角慢慢画至唇峰处。

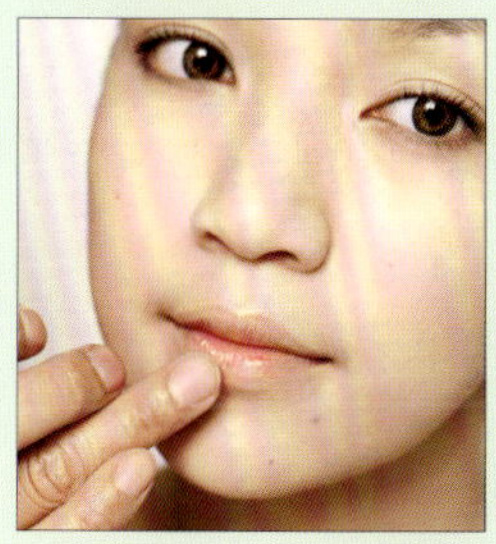

Step 3

用手把边缘线柔和开。

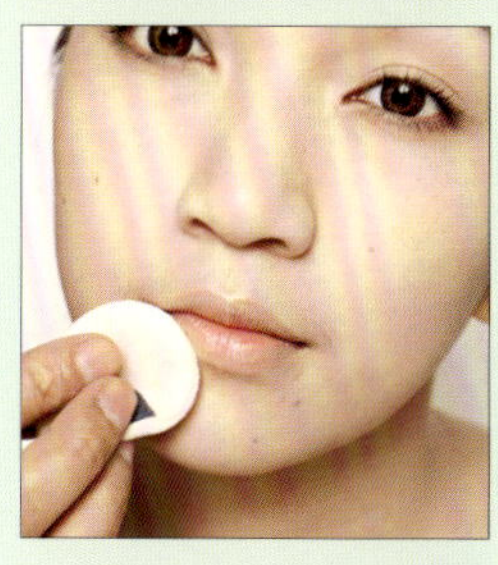

Step 4

压上蜜粉。

Step 5

擦上裸唇色,就完成了。

立体唇蜜

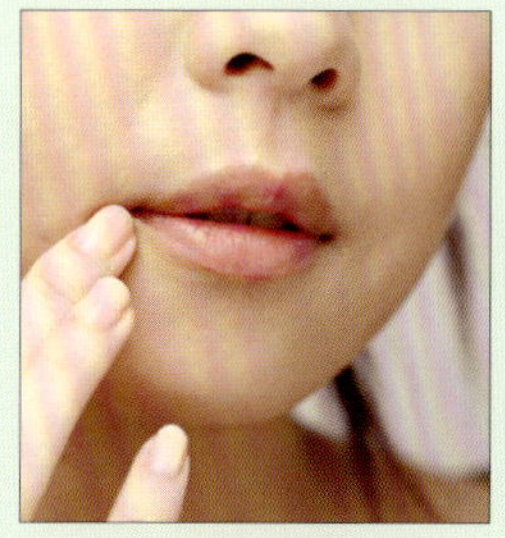

Step 1

若唇边暗沉，选择肤色遮瑕膏，用手轻轻按压。

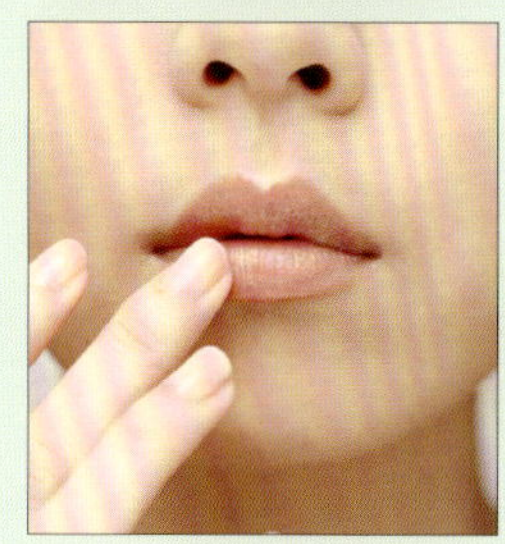

Step 2

再以肤色唇膏轻按在唇上。

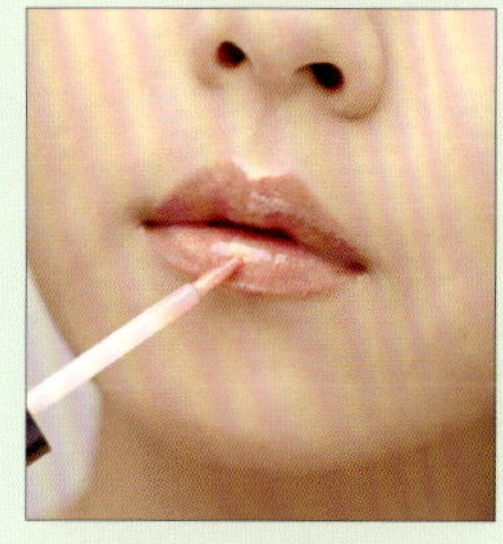

Step 3

画上玫瑰色唇蜜。

Step 4

用透明唇蜜来加强唇峰。

大师神技P.S

唇蜜不要选择太过黏稠的，在涂唇蜜时，尽量在唇中间，再慢慢往外晕开。

加强双唇立体

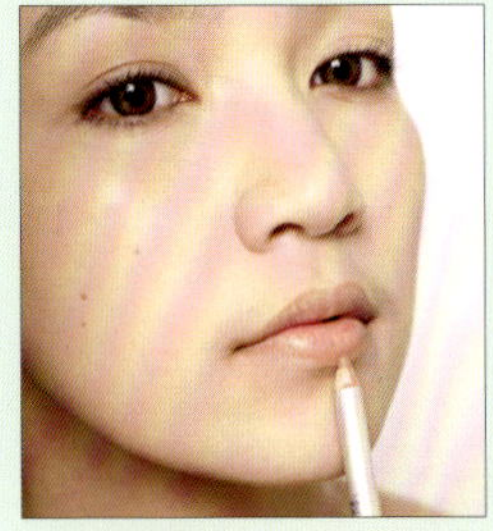

Step 1

找出下唇边缘，用唇线笔画上。

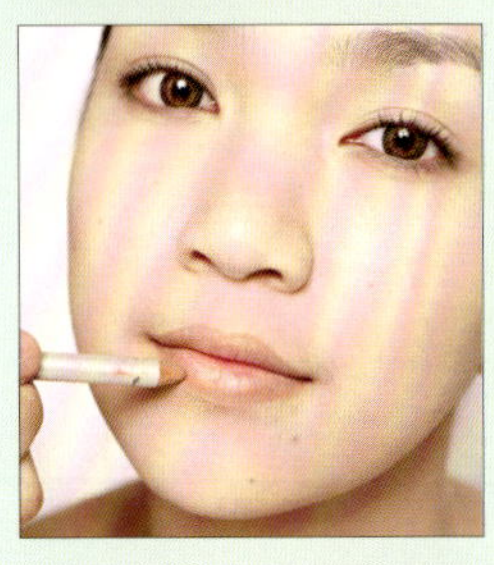

Step 2

再由外至内连接至唇中间。

Step 3

由上唇边缘内侧，画至唇峰。

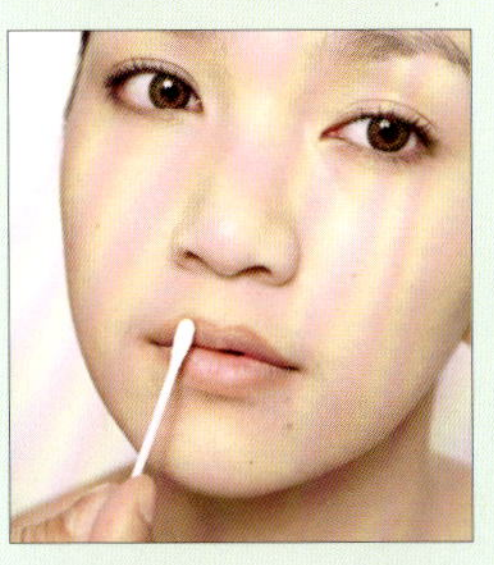

Step 4

用棉花棒将唇线边缘轻轻晕开。

Step 5

涂上唇蜜或唇膏。

烈艳红唇

Step 1

用红色唇线笔先描绘下唇。

Step 2

描绘上唇。

Step 3

将红色唇膏先抹在下唇腹，较大面积涂抹上。

Step 4

由内嘴角往唇峰描绘线条。

Step 5

完成。

不败眼线全攻略

我认为就算没时间上眼妆，最少也要使用主宰着双眼是否有神的眼线产品，来加强眼部的轮廓线条感！

1. 百变眼形之基本操作

眼线产品也可以改善不理想的眼形。若想要呈现出猫眼般的复古风，你就可以在眼尾处拉高眼线；想要拥有如小狗狗般的无辜眼神，就可以用眼线画出下垂眼；想要有虹膜放大效果的人，也可以在上眼线的中间处(也就是瞳孔上方)加宽眼线。不管哪一种眼形，都有其修饰的方法。但切记不要用眼线将整个眼睛给框起来。这样很容易让眼睛在视觉上整个变小。内双的人，除了画眼线外，也可以运用假睫毛加强眼神的电力。

2. 各式产品，不同妆效

眼线产品，可以依个人的习惯选择。电眼妆的重点就在于眼部轮廓，所以线条相当重要，初学者最好操作的也是眼线笔。因为使用它时就像在写字一样，只要在眼部的轮廓上画出线条即可。有些眼线笔产品后端还会附上棉棒，以棉棒将眼线的线条晕开，就能让眼神变得更自然柔和。害怕眼线脱妆的人，可选择持妆度较强的眼线液笔，它在使用上也很便利，粗细很好掌控，而且笔尖也有粗细之分。但因为笔尖较软的关系，一开始并不好上手。

想省钱的人，眼线笔的颜色可尽量选择一年四季都适用的大地色或褐色系。另外，可塑造烟熏妆效果的眼线胶产品也是必需品。

眼线胶一定要搭配眼线笔来使用，可以晕染出小烟熏的感觉。若想要更温柔的眼神，也可以使用咖啡色或紫色的眼线胶。以上产品都可搭配眼影一起使用，想要让眼部轮廓不要太锐利，便可将眼影直接叠压在眼线上。至于一般的场合，小眼睛或单眼皮的人，就可以化小烟熏妆，夜晚的派对场合，则加工一下变身大烟熏妆即可。

基本黑色眼线

Step 1

先从眼头方向画一小段眼线。

Step 2

以眼线最前端为基准，慢慢往中段，一小段一小段描绘。

Step 3

画到眼尾处收起。

Step 4

再用干净圆头刷或是棉花棒，在眼线边缘柔和开即可。

Step 5

以同样方式，在中间画上0.2厘米粗眼线，眼睛更亮。

Step 6

用眼线液加强线条感及饱和度。

Step 7

完成。

柔和下眼

Step 1

使用黑色眼线笔，从眼尾画到黑色瞳孔收起。

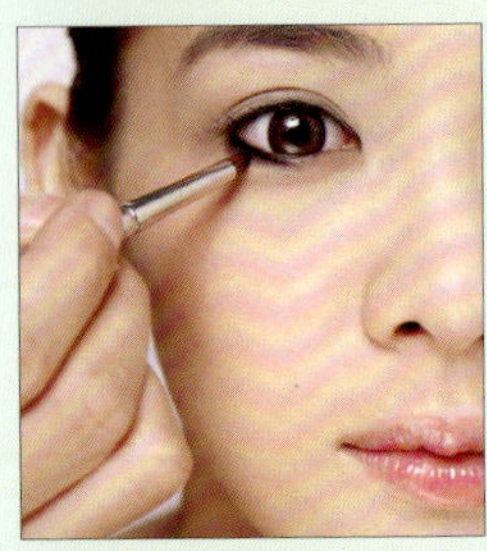

Step 2

选择一支圆的刷子，在眼线边缘来回晕染柔和。

Step 3

刷子上的余粉轻刷至眼头处。

Step 4

手的角度提高，加强内眼线。

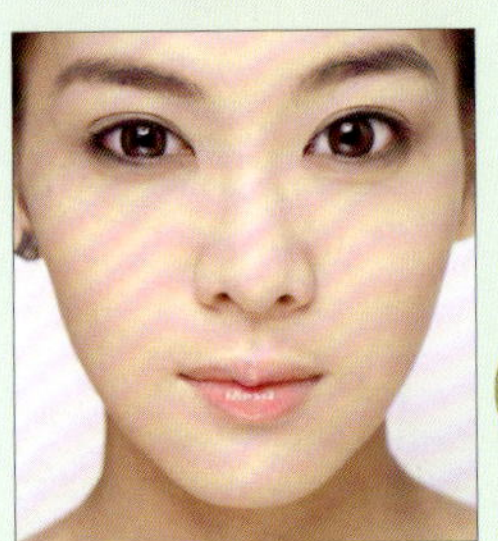

Step 5

完成。

眼线角度不同

Step 1

画柔和眼线时，角度需与脸45度。

Step 2

画线条感眼线时，需与脸90度。

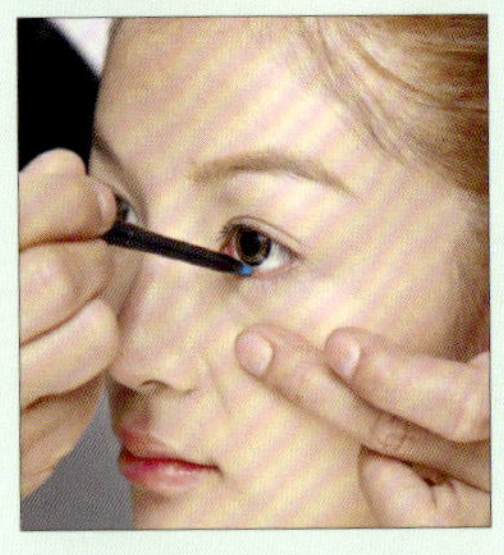

Step 3

画内眼线可将手提高到120度。

大师神技P.S

不同角度可以创造不同的线条，使用不同颜色的眼线笔，会更加亮丽。

眼影×眼线的混搭法

眼影和眼线之间的色彩混搭，只要掌握下列几项重要原则，就可以玩出“不会吓到人”，又令人惊艳且调和的完美配色。

关键次序

记得先决定眼影的色彩，再找出对应的眼线色彩，并以先画眼影，再画眼线的完妆顺序，便是打造完美眼妆的第一步。

上眼影×上眼线搭色法

浅色眼影（明度高)，比如粉嫩感的眼影。可搭配让立体感立现的黑色眼线，或让眼神柔和的咖啡色眼线，或强调特别风味的有色眼线。

饱和色眼影 (彩度高)，比如土耳其蓝、孔雀绿等眼影，搭配黑色眼线绝对不会错，且对比效果最佳。若搭有色眼线，则一定要挑选比眼影彩度还要深的色彩，才能塑造出层次感，比如深蓝色、深紫色、深绿色等。

灰色调眼影（明度低），比如墨绿色、灰黑色、灰蓝色、紫色等眼影色。搭配深黑或墨黑色眼线或咖啡色眼线，最能表现深邃感，也不会将较难操作的灰色调眼妆弄脏了。

下眼线加分法

下眼线是完美眼妆的功臣之一，它可以强化妆效，增加眼妆立体感与深邃度。

眼影替身。你不一定要使用眼线产品画下眼线，眼影也可以代替眼线产品，做出更柔和的眼神，且得以使用晕开手法，让大眼效果瞬间提升。

下手分寸。下眼线最漂亮的下手范围，也就是由眼尾往眼头方向，约占2/3总眼线的长度。可与上眼线的眼尾处连接成“＞”状，来达到大眼效果，但一般来说，尽量不要将整个眼睛以上下眼线框起来，因为这样会使得眼睛显得更小。除非原本上眼影的范围就很大(比如浓烟熏妆)，那么上下眼线就可以用细细的线条，将全眼框起来，眼神层次便会更分明，吸睛指数大增。

配色原则。遇上明度高的浅色系上眼影，或彩度高的饱和上眼影，下眼线除了可以延伸同色系的眼彩，让眼妆更亮眼外，也可以使用深咖啡色系，对比上眼影，让个性感自然散发。遇上明度低的灰色调上眼影，下眼线若挑选同色系的眼线，便可加强大眼效果；若想玩效果，可以加点亮片，即可得到适合去夜店的妆容。

浅色眼影画法

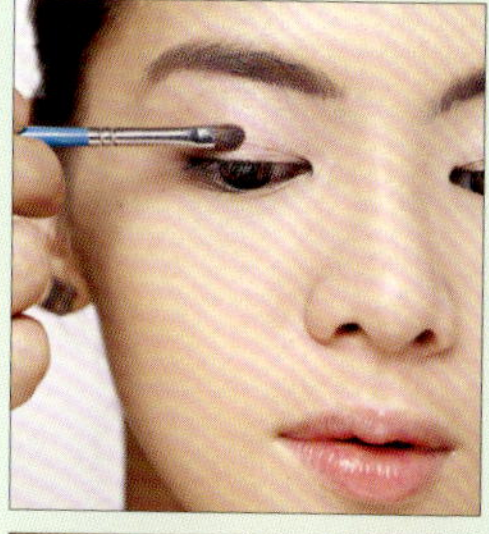

Step 1

先将粉色眼影加强眼睛立体。

Step 2

再使用紫色从后眼尾处慢慢往眼头晕染，宽度约0.2～0.3厘米。

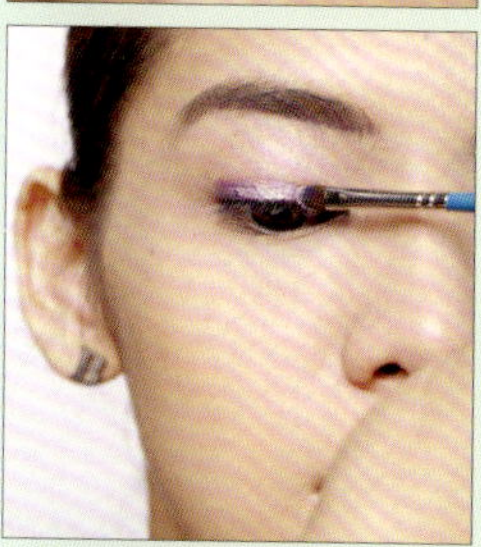

Step 3

轻压往中间晕染。

Step 4

画至眼头收起。

Step 5

完成。

浅色眼影画法

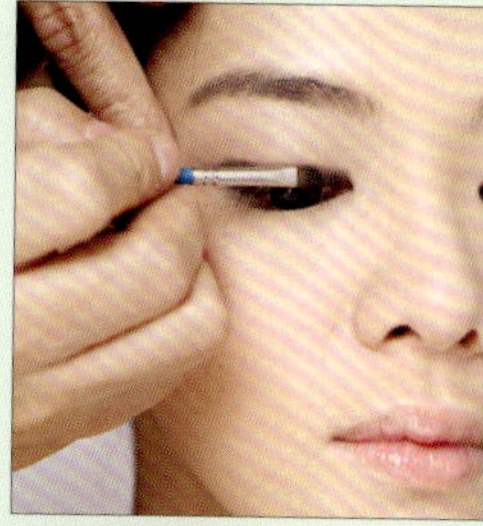

Step 1

画完黑色眼线后，将棕色眼影从眼头轻压。

Step 2

描绘到中段及眼尾处时，笔刷要紧贴眼皮。

拿出干净眼影刷，从眼影边缘轻刷层次。眼头画至眼尾处来回晕染。

再从眼尾至眼窝方向轻刷晕染。

Step 5

完成。

大师神技P.S

新手画眼影容易掉粉时，用指腹紧贴眼皮。

大烟熏眼影画法

Step 1

使用棕色眼影从眼头开始描绘。

Step 2

轻轻从睫毛根部画到眼凹处。

Step 3

至眼尾处收起，再将边缘晕染。

Step 4

完成。

大师神技P.S

画完棕色眼影，将边缘淡化晕染开，眼睛会有变大效果。

前后紫色搭配立体眼影

Step 1

用珠光白色眼影打亮眼凸。

Step 2

使用紫色眼影，从眼头处往后晕染三分之一。

Step 3

使用圆刷将边缘晕染开。

Step 4

用同色从后眼角往前面晕染到眼窝三分之一处。

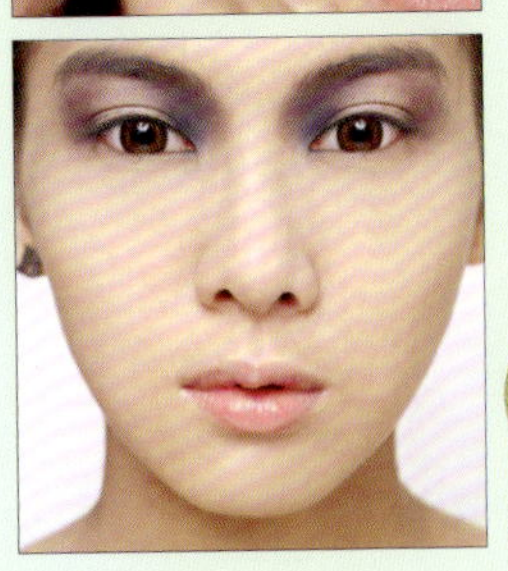

Step 5

完成。

单眼皮棕色眼影画法

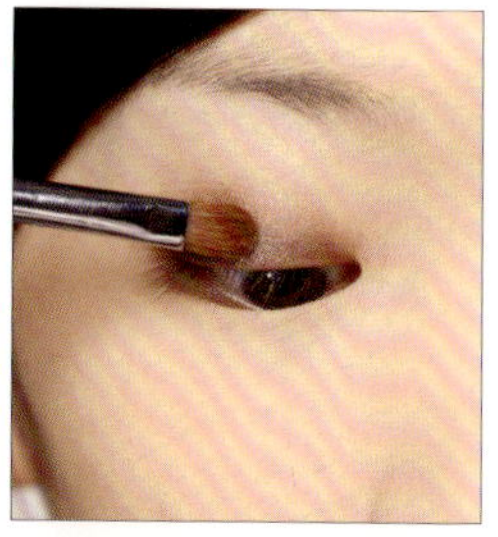

Step 1

选棕色粉质眼影，从睫毛根部晕染到眼窝处。

Step 2

选黑色眼线胶从眼头往眼尾处画上。

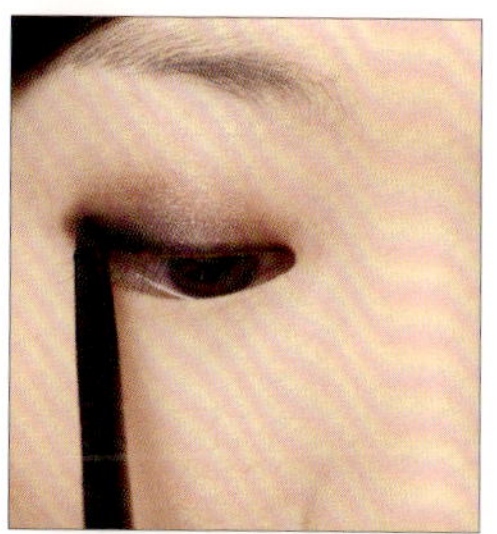

Step 3

用干净刷子将眼尾处边缘晕开。

Step 4

使用黑色眼影粉压在后眼尾处眼线上晕开。

Step 5

刷上睫毛膏。

单眼皮立体眼影画法

Step 1

用浅棕色粉质眼影画在眼窝处。

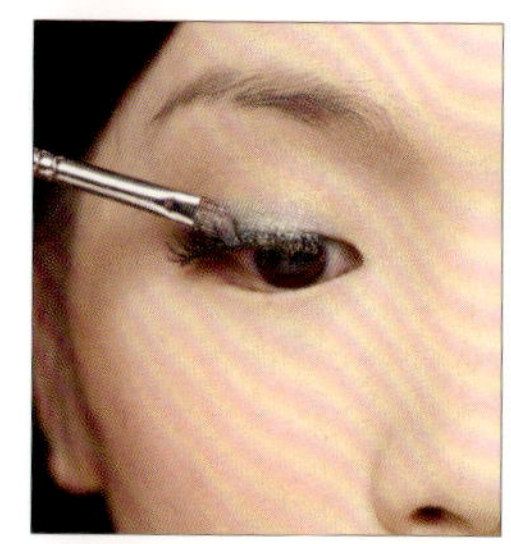

Step 2

使用亮的蓝绿色眼影，从睫毛根部晕染至眼窝与棕色眼影相互结合。

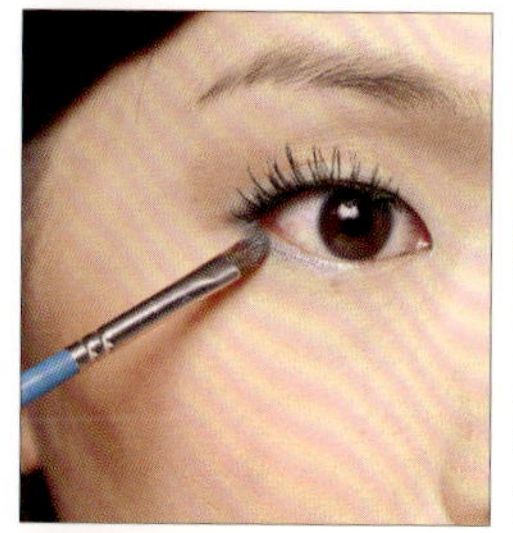

Step 3

同色眼影从眼尾轻轻往前晕染至二分之一处。

用同色眼影从后眼角往前面晕染到眼窝三分之一处。

大师神技P.S

选择粉质眼影立体效果更好，想要使用珠光眼影或是亮片时，只可用在眼窝内，不可超过眼窝，以免引起泡肿。

大眼基本功让你练就梦幻娃娃睫毛妆

睫毛不够纤长浓密，眼睛就会无神，掌握不同方式刷睫毛和夹睫毛，可以创造迷人电眼，如果再戴上假睫毛，大眼效果会更加明显喔！

夹睫毛和刷睫毛

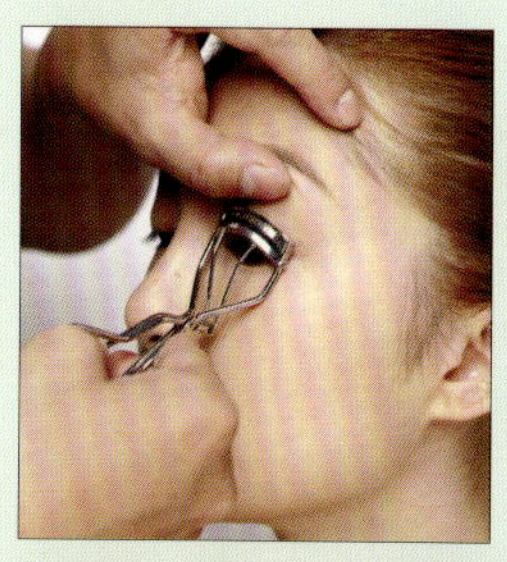

Step 1

先将睫毛夹紧至睫毛根部，将睫毛轻拉上提，略压几下，然后松开。

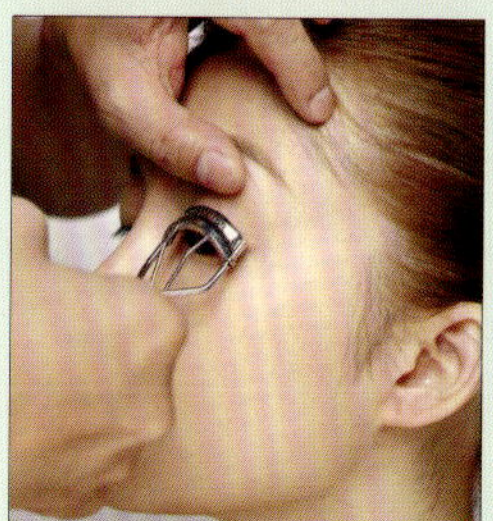

Step 2

将睫毛夹移至中段处，提高45度，再夹几下放开。

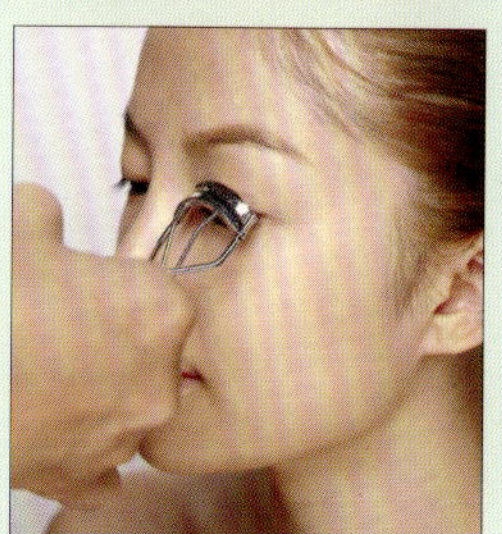

Step 3

将睫毛夹移至尾端，力道要轻，夹的时候稍微提高角度，再轻夹几下。

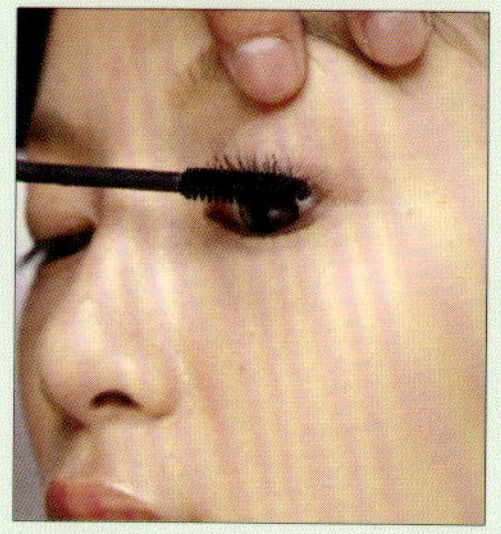

Step 4

将睫毛膏从睫毛根部往上轻刷一次。

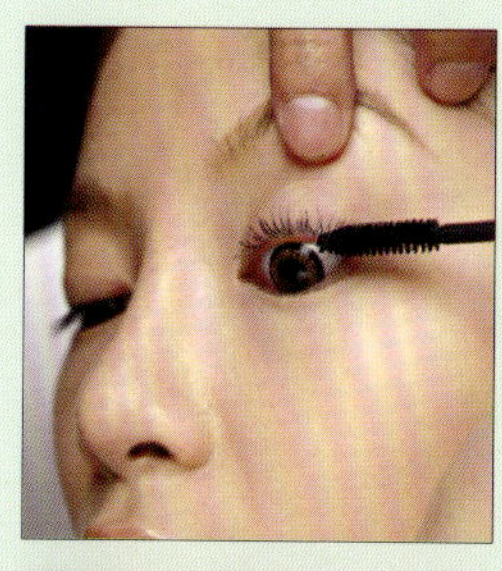

Step 5

刷眼尾的睫毛时，将眼皮轻轻拉提，用睫毛刷前端刷上睫毛膏。

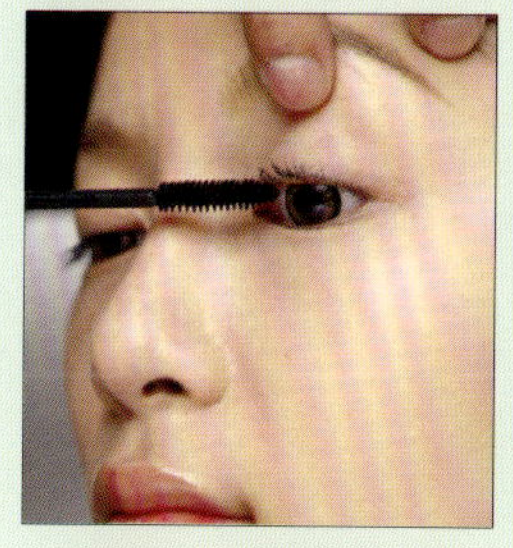

Step 6

眼头亦可用相同手法，将眼头眼皮轻轻拉提，用睫毛刷前端仔细刷匀。

Step 7

下眼睫毛亦可用相同手法，用睫毛刷前端仔细刷匀。

大师神技P.S

刷睫毛膏时，量一次不要上太多，第一层先薄薄刷上，等干了固定睫毛弧度后再第二次刷上睫毛膏，可让睫毛更持久卷翘喔！

戴整副假睫毛

Step 1

戴整副假睫毛时，先量宽度，眼头要留0.3厘米。

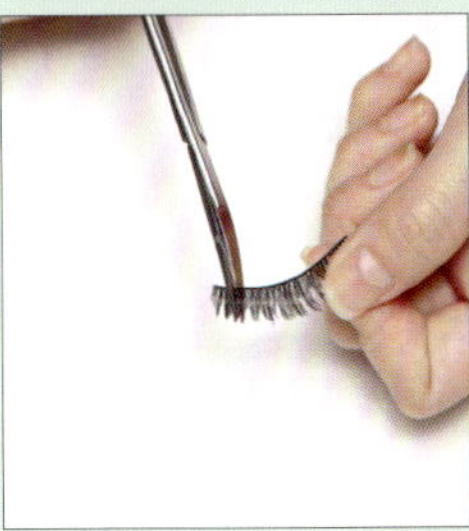

Step 2

修剪出合适的宽度。

Step 3

将假睫毛梗轻轻擦上睫毛胶，等待八分干变成半透明。

Step 4

夹起假睫毛中段处，对齐眼角后再粘上去。

Step 5

用手将眼头眼尾压上固定。

大师神技P.S

粘假睫毛前先画上黑色眼线。

戴单撮假睫毛

先将单撮假睫毛剪成五小撮。再把睫毛胶放手背上，夹起一撮在梗部粘上即可。

对齐眼角后，靠近睫毛根部粘上。

第二撮要与第一撮睫毛交叠在一起。

交叠至第五撮时，眼头需要有0.3厘米的空隙。

大师神技P.S

每撮假睫毛与睫毛需要交叠0.1厘米，最后眼头的地方要留0.3厘米，以免因为太接近眼头导致不舒服，诀窍就是如果最后一撮粘上时离眼头处太近可以与睫毛交叠多一点。

假睫毛×透气胶带

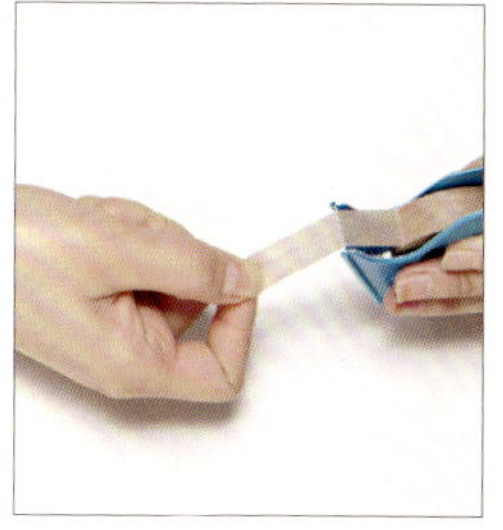

先将透气肤色胶带拉取出适合眼睛的宽度。

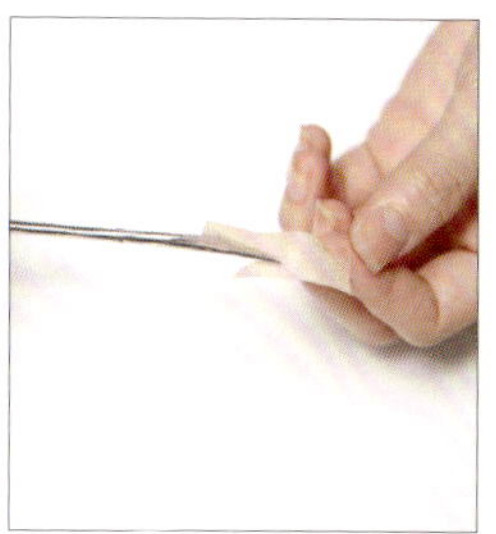

剪出与假睫毛宽度一样宽，弧线中间的高度要0.5厘米。

Step 3

将透气肤色胶带与假睫毛贴一起。

睫毛胶均匀上在胶带与睫毛梗上，等待10秒钟再贴。

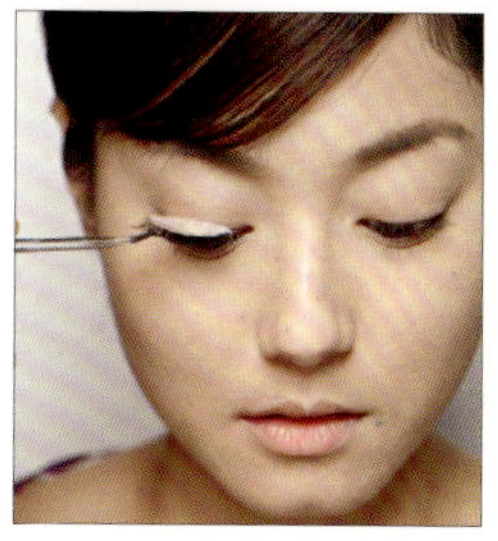

Step 5

对齐后眼角粘上。

Step 6

贴上后，轻轻往上顶，让假睫毛卷翘一些才不会盖住眼睛。

Step 7

将真假睫毛刷上睫毛膏。

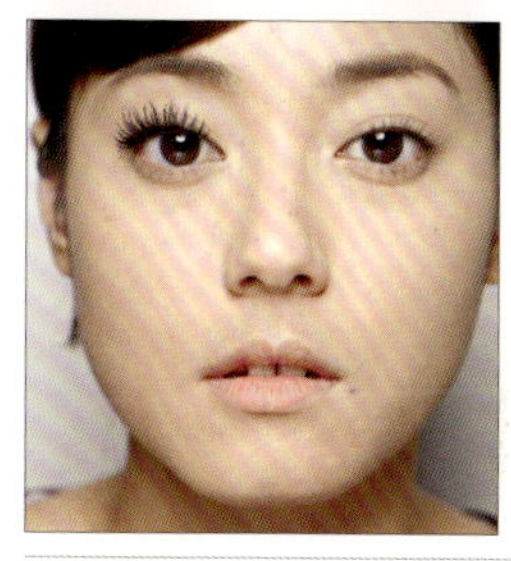

Step 8

完成。

大师神技P.S

这种贴法可让超级单眼皮变成双眼皮，贴完后，在透气胶带上扑上粉底，并可以画上眼影及眼线。

眼唇卸妆

Step 1

倒取适量眼唇卸妆液在化妆棉上。

将化妆棉搓揉均匀。

压住睫毛，敷在眼睛上约15～20秒钟。

轻轻往外卸掉。

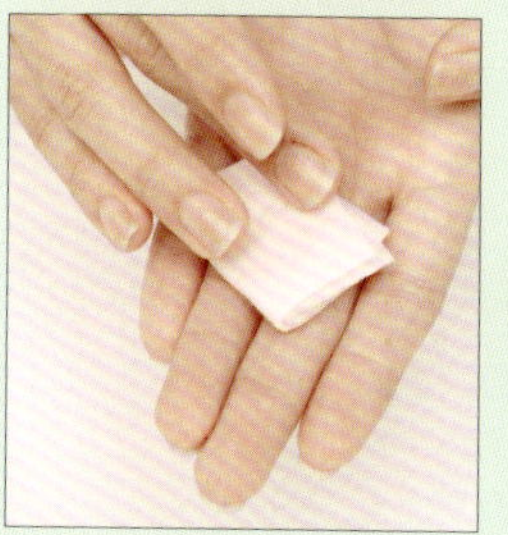

Step 5

将化妆棉对折后再对折。

用一小角在眼头眼尾加强清洁。

Step 7

眼尾加强清洁。

卸妆其实很简单

其实，把妆卸干净的关键，并不在次数，重点是把残留在肌肤上的粉底、彩妆品和防晒物质卸干净。

正确的卸妆步骤，到底该怎么做才好？

第一个步骤，请先从眼妆和唇妆卸起。尤其是习惯使用防水型睫毛膏、防水眼线笔和不掉色口红的人，这个步骤非常重要。建议你可以选择专门为此设计的眼唇卸妆液。如果你不清楚是否完全卸干净了，请先用干净的卸妆棉把这些被彩妆品污染的脏东西擦掉，然后再卸一次。至于最难卸的睫毛膏则可在卸之前，先把蘸了卸妆液的化妆棉，压住睫毛，约15～20秒钟之后，就可以轻松卸掉了。如果还有没卸干净的内眼线或睫毛膏，则请搭配蘸了卸妆液的棉花棒，用局部抹擦的方式来卸除。切忌用力搓揉，以免伤到娇弱的眼周肌肤。

第二个步骤，才是卸除脸上的粉底和修容产品。有些平日不上妆的朋友，其实都有擦隔离霜的习惯，而这些隔离霜多半也都添加了防晒成分。所以，最好还是要做卸妆的动作。至于卸除脸妆的方式，则以轻轻按摩的方式来卸，千万不要为了卸干净而用力过度。特别是眉毛、鼻翼两侧、发际周围和下巴，一定要切实清洁！

第三个步骤，则是洗脸。很多美眉常以为用了卸妆油，就不需要再用洗面奶洗脸了，其实，这个观念必须修正。因为就算你冲完水之后，也难保脸上没有剩余任何残留油脂，所以，最好还是再洗个脸比较保险。但如果你使用的是卸妆纸巾、卸妆乳或一些标榜不需要再次洗脸的卸妆产品，建议至少也要再冲个水，避免界面活性剂残留在肌肤上，破坏了后续保养品的吸收力！

脸部卸妆

Step 1

将卸妆油在额头以打圆圈方式搓揉。

Step 2

以同样的方式在脸颊上搓揉约30秒。

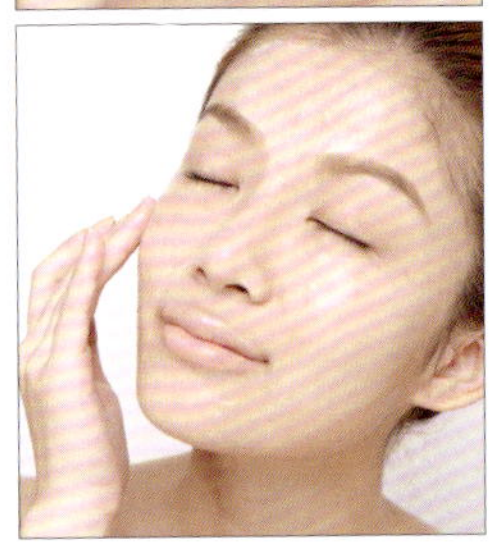

Step 3

将粉底溶解后，再用清水乳化。

大师神技P.S

妆要溶解彻底必须每个细节都要注意，在脸上按摩30秒再用少许清水完全乳化，才能彻底将粉底带走，最后需用大量清水冲洗。建议用洁面乳再洗一次脸。

Chapter 4

新手最爱问·大师全解答

Wei’s Top Secret

新手最爱问·大师全解答

这几年来，我常常遇到喜欢化妆的朋友询问我关于眼妆、底妆、颊彩、唇妆等等大大小小的问题。以下我整理了大家超困惑、超想知道的50个最常见的彩妆技法问题与解答。让你在学习彩妆的路上，更得心应手，没有问题可以难倒你！

ALL ABOUT 底妆

Q：我属于干性肤质，每次上完粉底液都会脱皮，该怎么打好完美底妆呢？

A：干性肤质的人，必需一个礼拜去 1～2次的角质，才可以将老废角质去除，并改善脱皮的现象，让上妆更加服帖。

Q：我的皮肤很薄，所以脸上有明显的青绿色血管，要选择哪种粉底，才能完全修饰呢？

A：到柜上先试试饱和度高一点的粉底。上底妆时，则在血管明显处做重点遮瑕。

Q：想要化出鲜甜的薄透美肌，粉底液、粉饼，和蜜粉该如何选择搭配？

A：偏薄透感的粉底液，是轻透底妆最佳的选择。使用粉饼或是蜜粉时，搭配刷子，效果会更加透明，而不会有厚重感。

Q：如何选择轻透的粉底？例如是液状好还是霜状好，为什么？

A：建议粉底液。因为它比较细致，延展性也好，容易推匀又服帖。

Q：上完粉底后，脸上为什么会有一堆屑屑呢？

A：上底妆前的精华液、乳霜、隔离霜等保养产品中，都含有高比例的高分子胶，另外，含有硅灵的隔离霜，也会容易产生屑屑。

Q：擦了防晒品、隔离霜，需不需要卸妆？

A：如果产品上有防水、防汗的标示，且擦上后泼水，会有水珠残留。就代表防水性很强，需要卸妆。

Q：毛孔为什么会粗大呢？

A：过度保养，或是密不透气的粉底、隔离霜、防晒乳，若卸不干净，会造成毛孔粗大的现象。

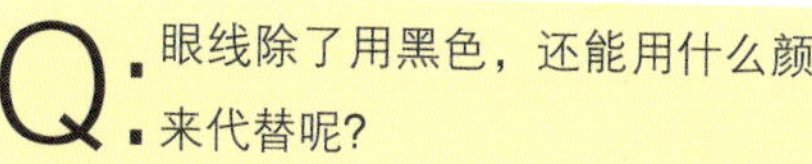

ALL ABOUT 眼妆

Q：眼线除了用黑色，还能用什么颜色来代替呢?

A：如果想要营造出自然感的眼线，可使用咖啡色。如果想要有令人耳目一新的变化感，就可以选择灰色调，比如灰蓝、灰绿、灰紫，都是不错的选择。

Q：卸眼妆上的亮片，很难卸干净，有何撇步?

A：若是较大的亮片，可以使用医用型的肤色胶带，或是透明胶带，即可轻易粘下。但注意力道要轻，要不然会伤害到脆弱的眼周肌肤。

Q：怎么粘亮片，妆效才会美，还能省钱?

A：市面上有粘亮片的专用胶水，外观就是透明的液体。专柜品牌和一般专业彩妆用品店都有卖。如果不想多花钱购买，你在画眼影时，可以使用眼影棒点上去。

Q：画眼影可以用指腹吗?

A：当然可以，有些化妆师就喜欢用手指化妆。此外，眼影棒、指腹、眼影刷，都是画眼影时可以使用的工具。

Q：我的单眼皮，是属于比较浮肿的泡泡眼，所以睫毛都被眼皮往下压，要怎么戴假睫毛呢?

A：我这里有一个自创的戴假睫毛方法！你可以拿医用胶带，将它修剪成比平常贴双眼皮贴时的宽，大约0.3～0.4厘米。接着，直接粘到假睫毛的梗上，再涂上睫毛胶就可以戴上了。

Q：我的下睫毛很短，都刷不出开花的立体感，该怎么办?

A：如果下睫毛短又不浓密的话，可用不同功能的睫毛膏，慢慢一层一层地堆叠，就可以塑造出下睫毛的存在感。方式为先以睫毛底膏打底，再依序叠上浓密型、纤长型睫毛膏。记得，过程中一定要有耐心一层层地刷上去，效果才会好。

Q：我是属于内双的眼形，平常画上眼影后，眼妆都全部被眼皮给吃掉了，该怎么改善呢?

A：如果不喜欢太浓的眼妆，可以在后眼尾1/3处的眼影上，加强色彩的堆叠，即可看到显眼的效果。

Q：银色眼影适合什么色系的腮红呢?

A：带有棕色调，或是带有红色调的腮红，都很适合。

Q：我是金鱼凸凸眼的眼形，涂上有闪闪珠光的浅色眼影，眼睛看起来就会膨胀，眼形变得超凸，那我是不是就不能画浅色眼影了?

A：建议选择大地色系或是深色系的眼影，带有珠光的眼影，可以放在眼头或是眉骨处，就不会突兀了。

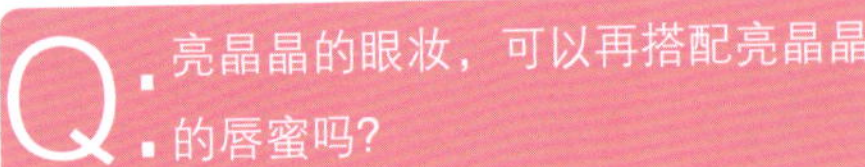

Q：亮晶晶的眼妆，可以再搭配亮晶晶的唇蜜吗?

A：当然可以。那你会成为大家的焦点哦。

Q：眼线胶好快就干了，不小心画到眼皮上时又好难卸掉，该怎么办?

A：可以使用棉花棒，蘸取眼唇卸妆油，或蘸取粉底，即可轻松卸除。

Q：隐形眼线要画在哪里？怎么画呢?

A：用指腹把眼皮轻轻地往上拉起来，画在上眼睑的部位即可。

Q：夸张的大眼妆，各种眼形的人都可以化吗?

A：夸张眼妆，只要微调，人人都可尝试。比如眼距很窄的人，就尽量化小烟熏妆，并搭配亮色系眼影，做出层次效果，眼睛就会自然变大了。

Q：大地色系眼妆，要搭配什么颜色的唇蜜呢?

A：搭配裸肤色唇蜜或是唇膏都可以。若想要有气色一点，也可以搭配玫瑰色或是粉红色的唇彩。

Q：总觉得眼线笔好难上色，而且会把眼皮弄痛，是因为我选到错误的眼线笔吗？该如何选购好画的眼线笔呢?

A：眼线笔，比眼线胶容易掉色，选择眼线笔时，切记不要挑太干或不易延展的眼线笔，而太油的眼线笔则容易掉色，避开为妙。

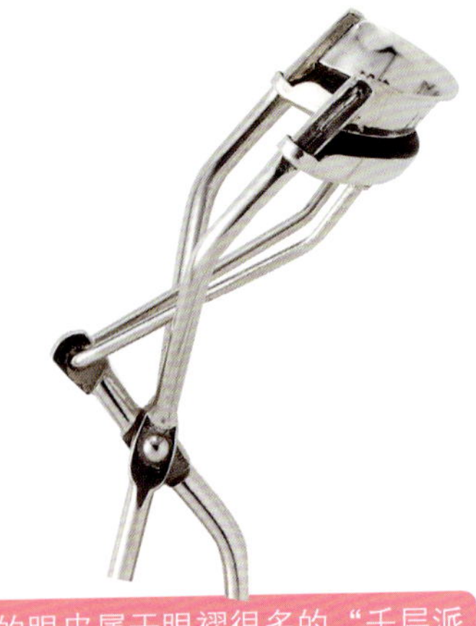

Q：我的眼皮属于眼褶很多的“千层派“，该如何化眼妆?

A：千层派的人，通常最大的问题是“眼睛大而无神”。化眼妆时，尽量以浅色眼影，搭配深色的眼线，或是利用深色眼影画在睫毛根部也可以。

Q：一定要用墨绿色眼线吗？我只有黑色眼线笔，也可以有一样的妆效吗?

A：两者妆效并不同。黑色眼线，能让眼神有强烈的明亮感；墨绿色眼线，则可以让眼神更柔和些。两者并用时，建议顺序上先使用墨绿色眼线，线条可画粗一些，最后再以黑色眼线在睫毛根部的地方做加强，效果更完美。

Q：我把眼线画在睫毛根部后，为什么张开眼睛后，眼睑处还是会有一条白白的线呢？是不是我画的方法错误呢?

A：那是因为你没有将内眼睑完全涂满。在靠近眼睑处的眼线，必需用黑色眼线笔做加强。

Q：学生妆的眼影，要选择什么颜色比较好？例如大地色系行吗？哪些是大地色系?

A：大地色系最安全。棕色或是深绿色都是大地色系的色彩。

Q：一定要画下眼线或是下睫毛吗?

A：下眼线可以让眼睛有立即放大的效果，也能让眼神更立体明亮。有下睫毛的人，若刷上睫毛膏，大眼效果会更明显。

Q：我是穷学生，小伟老师有推荐什么便宜又好用的产品吗?

A：开架式的产品现在非常之多，也广受欢迎。因为很便宜又好用，也方便买到。只要选择适合自己需求的产品都可以。

Q：不小心将眼线画得太粗了，怎么办?

A：使用棉花棒在边缘处将眼线柔和地晕开来，这招不但可解决问题，还可以让眼睛更加立体。

Q：每次单独使用眼线笔时都很容易晕开或脱妆，该如何画才不会晕开呢?

A：眼线笔因为质地比较油，所以很容易晕开，购买时以选择延展性好，又不会过油的眼线笔为主。也可以在画完眼线后，压上与眼线同一色系的眼影，持妆度就会大增了。

Q：粉质眼影，该怎么选择呢?

A：滑顺，容易推开，是两大重点。另外通常有细致珠光的眼影，延展性也会比较好。

Q：金色眼妆，到底要搭配什么颜色的唇妆呢?

A：都可以，随你发挥创意。

Q：单眼皮的我可以画浅色系眼影吗?

A：当然可以。只要眼影的范围不超过眼窝就不会出现泡泡眼。

ALL ABOUT 唇妆 

Q：我的嘴唇细纹很多，擦上唇膏后，细纹通通跑出来了，该怎么办呢?

A：唇部其实也需要去角质。除了可以买专用的唇部去角质产品外，在睡觉前使用热毛巾先温敷一下后，再擦上厚厚的护唇膏，也可减少唇纹。

Q：市面上很多唇线笔，该怎么选呢？唇膏颜色和唇线笔的颜色，该如何搭配？

A：肤色的唇线笔最百搭，可以搭配任何颜色的唇膏或唇蜜。

Q：桃红色口红，可搭配的眼影色有哪些？

A：棕色或是亮色系的眼影色都可以搭配。

Q：画桃红色的口红，眼妆部分可以再搭配黑色的烟熏妆吗？

A：可以的，只要是深色系或是大地色系的烟熏妆都可搭配。

Q：唇色比较深的人，适合画桃红色口红吗？

A：选择饱和度高一点的唇膏。或者在上唇彩前，先用唇部专用的肤色打底膏，先将暗沉的唇色遮盖起来，之后再涂上唇膏。另外，也可使用唇笔，先将暗沉的唇边修饰后，再涂上唇膏。

Q：我的嘴唇很薄，就算涂上唇膏，也无法展现嘴唇立体感，该怎么办呢？

A：先使用唇线笔，描画出超出原本唇线的形状，之后再以唇蜜或唇膏涂满，即可塑造立体唇形。

Q：每次上班出门，吃东西，半天下来，唇膏都掉了一半，该如何化出一个持久的唇妆呢？

A：唇妆要持久，就尽量不要使用擦上后看起来太油亮的唇膏。可以选择偏粉质感的唇膏，并在唇部中间以唇蜜做加强。或是在上好唇膏后，轻压上一些蜜粉在唇部，也可以增加唇妆的持妆度。

Q：如何改善因使用口红而产生的色素沉淀现象？

A：口红上的唇彩所产生的色素沉淀，只会附着在角质层，只要停止使用唇膏，就会自然褪色。

Q：唇膏、唇蜜、唇笔有什么不同？

A：唇笔，可以加强美唇的立体感，并修饰唇形，比如可加宽唇形，使之更饱满。色彩饱和度高的唇膏，则可修饰唇色，带来好气色。唇蜜，则是青春洋溢的表征。

Q：如果嘴唇已经脱皮了，还可以擦口红或唇蜜吗？

A：脱皮是因为黏膜产生严重的剥离。气候干燥、喝热汤、经常用舌头抿嘴唇的人，都容易有脱皮的现象。最好先将脱皮的部分，以热毛巾温敷一下，软化角质后，再擦上护唇膏，或是保湿精华液，就可以解决。唇膏也要选择具有保湿度的款式。

Q: 有香料或香味的口红、护唇膏，会对人体造成不良影响吗?

A: 这些成分都有卫生单位在把关，只要符合卫生单位标准的产品，基本上都不会有太大的问题。

Q: 过敏性肤质的人，在口红的选择上，应该要注意什么?

A: 化妆品的成分原料中，有些不好的成分会刺激并引起肌肤的过敏。比如，选择口红时，不要选那种太好涂抹又滑顺的质地，因为它们通常会加上化学性合成酯类，渗透效果会更强，容易刺激角质脱皮。不要因为好涂抹就倾心购买。

ALL ABOUT 腮红

Q: 腮红不小心画太浓时，该怎么办?

A: 用海绵轻轻地推开，或是在上面多上一层薄薄的粉底。

Q: 橘色腮红也能画出好气色吗?

A: 当然可以。但粉橘色腮红比较适合白皙的人。

Q: 皮肤黑的人可以画出好气色吗?

A: 棕橘色的腮红，适合肤色较黑的人。皮肤黑的人，若涂上粉色腮红，就会有显脏的反效果。

Q: 还有什么产品可以加强好气色?

A: 除了腮红外，打亮眼部，使之立体有光泽，也可让气色大加分。偏黄肤色的人，可选择黄色调的珠光产品，而白皙肤色的人，则可选择珠光白的颜色做加强。

Chapter 5

彩妆达人·化妆箱的秘密

Wei's Top Secret

“没有完整的专业工具，你就不可能打造出级的完美妆容！”

“工欲善其事，必先利其器！”所有成功的专业彩妆师，都拥有一个能为他效力的专业化妆箱！

创作出完美妆容的秘密，也都藏在其中。专业工具准备好，努力练习，不断成长，你就没有不成功的道理！今天我就要跟大家细细地分享，让大师如虎添翼的专业化妆箱中所必备的各式工具。

大师级的专业化妆箱!

专业彩妆师的工作环境是相当多变的，可能今天你在棚内工作，明天就到野外山林开工。一个不易摔坏又耐脏，足以收纳完整化妆工具又有保护作用的外箱，就相当重要。选购化妆箱的诀窍如下：

分类隔层的实用度

判定隔层与分类隔间实用与否，你自己必须先对即将放进去的产品与刷具大小，有一定程度的了解。比如我的眼彩品很多，这个箱子内的隔间，是否放得下我的睫毛膏、眼影盒等等，就必须对产品的规格大小以及数量有所掌握，才能判断精准。拿尺先量一下产品大小，都不为过，毕竟是要长期使用的化妆箱。

依预算·找好货

在各大美妆品牌旗舰店中，你可以买到质感最好、为专业彩妆师预先设想最周到的化妆箱。但价格相对较高，一只化妆箱大约一万多元。而在一般美材行你可以买到几千元，质感也还不错的专业级化妆箱。如果想省一些预算，你可以上淘宝网站，以“工具箱”作为关键字搜寻，自己多下点功夫，选出最符合你的需求的规格。此类工具箱，约一千多元就买的到了。我现在所使用的化妆箱，就是一只隔层很多又实用的工具箱。

化妆箱内的秘密元素

彩妆用品百百种，色彩的选择更是多元，要将千百种的产品与颜色放进一个有限的化妆箱，是不可能的任务。那么到底哪些是专业彩妆师化妆箱中的必备装备，让他能以有限的工具，发挥无限的创意。我的秘密元素，现在就报你知!

眼妆必备品清单(准备齐备后，可在□中钩选)

刷具类

□ 眼影刷，共六支。大、中、小的刷子，都各需准备两支，意即画深色与浅色时的刷具要分开，才不易弄脏妆容。

□ 眉刷，共一支。让眉妆更自然。

□ 睫毛钢刷，共一支。用以梳开上完睫毛膏后纠结的睫毛。

□ 螺旋刷，共一支。除了可梳顺睫毛外，也可让眉妆色彩更柔顺。

□ 睫毛夹，共一支。塑造完美的睫毛弧度。

眼彩类

眼影必备色，共分成基本色、冷暖色系、珠光感&粉质感、亮粉类四大类。

□ 基本色，共三色。打造立体感的白色、塑造层次感之必要的黑色、柔和与加深渐层感的咖啡色。这三种颜色，可与任何一种色彩兼容，是最基本，必须一次买齐的色彩。

□ 冷色系&暖色系，各20色，共40色。毋需一次就买齐，可渐次购足；以同色调的眼彩，由深到浅共买三个的方式买进。比如单咖啡色，就可以买齐深色咖啡、中间色咖啡，以及浅色咖啡三种颜色。

□ 珠光感&粉质感，来应对不同妆感之需求。珠光感的眼彩，适合生活妆，也可应用在专业妆当中。粉质感的眼影，则是展现功力的专业彩妆之必需品。

□ 亮粉类。较大片的亮粉，与较细致的亮粉，均为必备，可做出不同眼妆的效果。从冷暖色系中，可各挑选三到五个常用色彩。

□ 眼线笔（持久度较低），共两支。黑色（打造线条感）与咖啡色（用于柔和眼神）各一支。

□ 眼线胶（持久度中等），共两支。黑色与咖啡色各一支。

□ 眼线液（持久度最高），共一支。目的在打造鲜明的线条感，只要有黑色款的一支即可。

□ 眼线产品色除了黑色与咖啡色这些基本色，是一开始就必须拥有的单品，日后若想多玩些创意，就可以渐渐添购蓝色、绿色与紫色的眼线产品。

□ 眉粉，共六色。咖啡色（深、浅各一色，针对偏红发色的人）、亚麻色（深、浅各一色，针对偏黄发色的人）、灰色（深、浅各一色，针对偏黑发色的人）。深浅色的运用上，以眉头浅、眉尾深的方式，即可突出眉形的立体感。

□ 眉笔，共六色。色彩购置同上述眉粉产品。

其他类

□ 睫毛膏， 共三支。纤长型、浓密型与可让睫毛根根分明的梳子状刷头的各一支。这三支就足以打造完美睫毛，并不需要另备底膏。

□ 假睫毛。基本型，共三盒（自然、浓密、纤长）；创作型，可依创作需求购入三到五副。

□ 假睫毛胶，共一条。

□ 小镊子，共一只。方便夹取以及植种假睫毛。

Blush
Majolica Pro
KRYOLAN
BOBBI BROWN
COVERMARK
NYX
ESTEE LAUDER
707
EYE PUTTI
CEZANNE
Weep
AQUA
UV-DAYGLOW

底妆＆修容必备品清单

刷具类

□ 粉底刷，一支。

□ 蜜粉刷，一支。

□ 修容刷，一支。

□ 腮红刷，一大一小，共两支。

□ 粉底刮棒，一支。

妆彩类

□ 粉底液，冷暖色调各三色，共六色。东方人的肤色大多偏黄色，带暖色调偏黄的粉底色，分深色、中间色与浅色，共三款购入。偏冷色调的粉底色，也分深色、中间色与浅色，共三款购入。

□ 透明色蜜粉，共一色。透明色，可以一色搞定任何肤色的妆容。

□ 粉饼，共两色。补妆时之必备，一个偏暖色系的棕色粉饼，与一个偏冷色系的白皙色粉饼即可。

□ 修容粉，共两色。为黑美人准备的深棕色，以及为白皙美人准备的浅咖啡色。

□ 遮瑕膏，一盘共五色。通常专业的遮瑕盘，必备的五色有深、浅色的黄色调，橘色，红棕色以及深棕色，一网打尽所有肤色。

□ 腮红，共三色。针对白皙肤色的粉红色，针对焦糖肤色的橘色，以及黑白肤色皆可，用以加深层次的棕红色。

唇妆必备品清单

刷具类

□ 唇刷，一支。

□ 唇线笔，共三支。裸唇色、粉红色（或粉肤色），以及红色，各一支。

□ 专业唇部遮瑕膏，一条。比一般遮瑕膏更保湿，能使唇妆更服帖，持妆度佳，不会累积出白线。

□ 口红，共五色。橘色、红色、粉红色、裸咖啡色、裸粉肤色。只要有这五个色彩，就可以调出与各式妆容兼容的唇色。

□ 唇蜜，共三色。百搭的透明色，是基本色。另可添购粉红色与粉橘色做变化。

其他必备品清单

□ 基础保养品，共四样。化妆水、乳液、卸妆油与隔离霜。

□ 人体彩绘膏，一盘共十二色。可配合整体的创意演出。

□ 指甲油，共五色。粉肤色、粉橘色、大红色、黑色，与透明白。彩妆师必要时也必须有做出美甲、指彩的基本能力与工具。

□ 婴儿胶，一瓶。可以增加身体肤质的油亮感。

□ 棉花棒，数支。修饰妆效，或是于补妆中使用。

□ 卸妆棉，数片。用以清理妆容。

CINEMA SECRETS
CEZANNE
Blend Cheek Powder
Dior
NYX
LIP
plump
CS
Cinema Secrets
WHITENING
MILK(L)
Kanebo
MAKE UP STORE
MAKE UP STORE
Beauty Tech
Johnson's
baby oil
gel
Crystal
Cleansing
Oil
Dior
Dior
NYX
NYX

Chapter 6

幻彩美妆50款大秀·重点秘技大公开

Wei's Top Secret

超完美轻裸妆大公开

公主非学不可的甜蜜彩妆

轻熟女梦妆狂想曲

派对女王越夜越美丽

妆色当道　爱我所爱

Secret
超完美轻裸妆大公开

粉雾美肌·清新裸妆

这款可是女生们都应该学会的百搭妆容哦，而且步骤超级简单，你只需要准备粉色的腮红和唇彩，花个三分钟，就能轻松出门了。不管是上班还是约会，这款妆容都能让你看起来清新淡雅，气质超好。

Step 1

用圆刷沾取些许粉质粉色眼影，从睫毛根部，以打圆的方式晕染到眼窝。

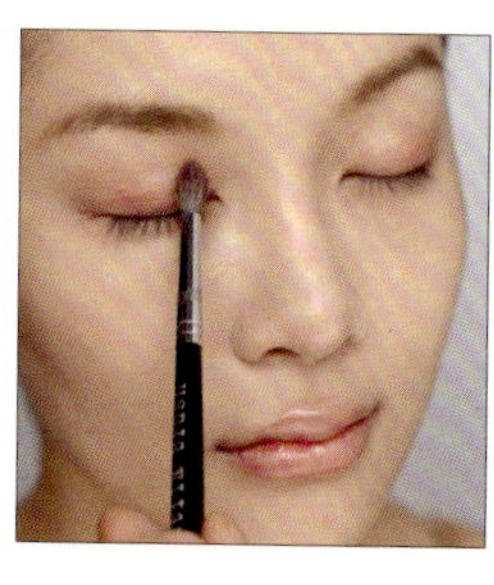

Step 2

用同样的刷子，从眼头在眼窝上来回晕染即可。

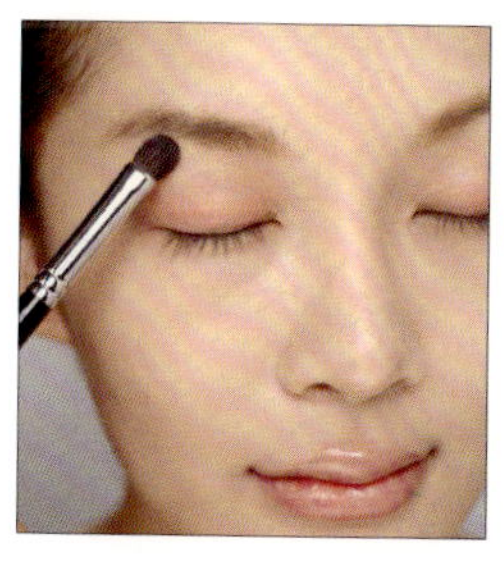

Step 3

用干净的刷子，于后眼窝再次加强后眼尾的色彩层次。

Step 4

大刷子蘸取腮红粉后，用轻弹的方式刷上，呈现出立体红晕效果。

Step 5

用指腹蘸取粉质感的粉裸色口红，在唇腹点开。

大师神技P.S.：

打造粉雾妆感时，注意不要选择含有珠光的产品。

心机俏眼·小脸妆

这款妆容能让女生在职场里看起来干练利落，充满成熟感与职业气质，这样就能把工作处理得更顺畅，非常值得一学哦。

Step 1

沿着睫毛根部，由眼尾加粗到眼头处，先用眼线笔打底补满睫毛空隙。

Step 2

使用眼线胶，从眼尾处往后提拉约0.3厘米，从粗眼线慢慢画细，尾端要最细。

Step 3

用橘红色腮红由颧骨上方开始，由后往前晕染。

Step 4

微笑鼓起笑肌，用干净的刷子，从笑肌往后均匀晕染。

Step 5

选择颜色比唇色浅的唇膏。

大师神技P.S.：

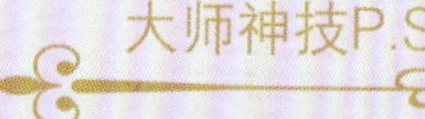

新手画眼线线条时，可先用眼线笔打底，然后再把睫毛根部的空隙加强补满，眼妆就会更完整有神。

鲜甜美肌 · 娃娃妆

要想秒杀男生的目光，这款清纯又可爱的娃娃妆最适合不过了。化上这个娃娃妆的你，如果跟男朋友撒娇，他肯定连天上的星星都会摘下来给你。

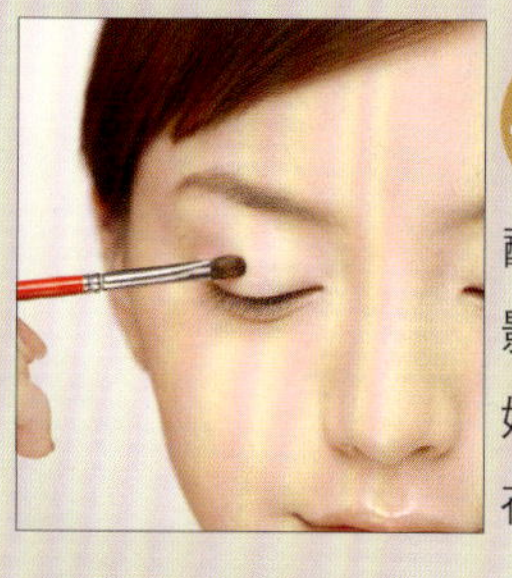

Step 1

蘸取粉红色粉质眼影，由眼皮中间开始，往两侧均匀的在眼窝晕开。

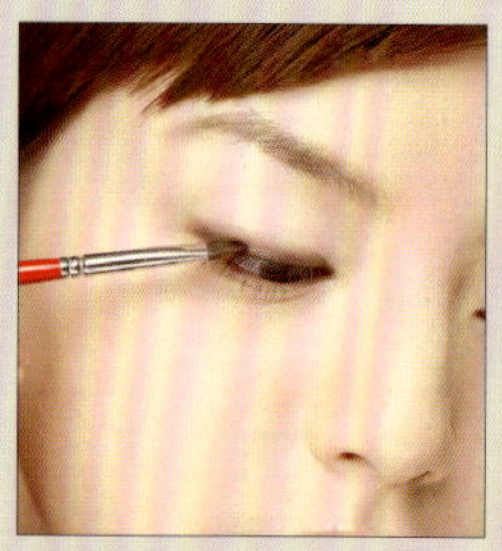

Step 2

蘸取咖啡色眼影，从眼头画到眼尾，并往后拉长0.1厘米。

Step 3

用黑色眼线笔，由眼头沿着睫毛根部画到眼尾。

Step 4

刷上睫毛膏。

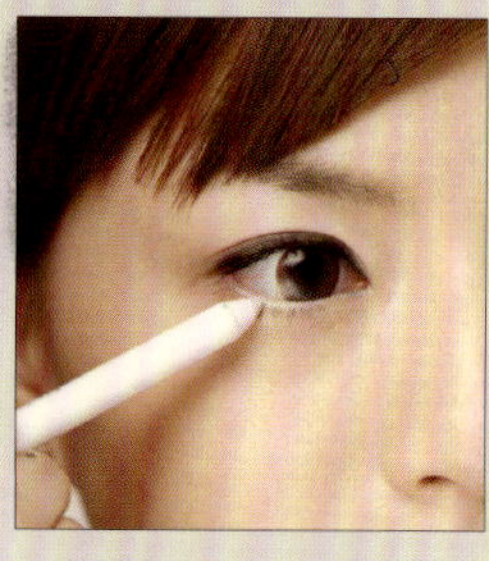

Step 5

用白色眼线笔画下眼睑，由眼头描绘至眼尾。

Step 6

在两颊的笑肌，用粉色腮红从笑肌开始晕染。

Step 7

若想要增添性感度，可用粉色的透明唇蜜，从唇腹中间往两侧晕开，制造出嘟唇效果。

大师神技P.S.：

为了加强眼妆立体感，可选择咖啡色眼影，在眼睛睫毛根部加强立体感，层次会更明显。

粉红女郎·活力妆

在户外活动，最好不要化浓厚的妆容，不然出汗的时候妆就会花掉哦。清新的裸妆才是王道。化上轻薄的妆容，尽情享受阳光的味道吧。

Step 1

使用粉色系珠光修饰乳，将全脸修饰得粉嫩。

Step 2

用透明粉饼轻刷在T字部位，加强透亮感。

Step 3

使用粉饼时，慢慢往鼻翼刷开。

Step 4

在眼睛下方的三角形区，由内往外均匀推开。

Step 5

用白色珠光眼影，打亮T字部位。

Step 6

用粉底在眼睛下方，遮饰黑眼圈。

Step 7

在下巴处，用粉底液推开。

Step 8

使用珠光粉红色腮红，笑一下，由笑肌往上晕开。

大师神技P.S.：

珠光产品只能在立体部位上做加强，不可以涂在眼睛下方的三角形部位，以免让眼袋更泡肿，眼圈也会更明显。

透亮红粉 · 娇嫩妆

在浪漫的冬季，娇嫩透亮的妆容，会让你拥有无限的魔力。特别在红色的圣诞夜，这款妆容能给你带来好运哦。

Step 1

选择比原有肤色深三号的修容饼，从发际处到颧骨上方，由后往前轻刷。

Step 2

轻轻从笑肌上晕开。

Step 3

找出下巴的位置，由后往前修饰下颚。

Step 4

使用修容饼，修饰额头近发际的两侧，以加强立体感。

Step 5

使用粉嫩色系腮红，由笑肌往后刷拭晕开。

Step 6

用明亮度较高的米肤色修容饼，刷在额头、T字部位、眼睛下方，以及下巴会更加立体。

大师神技P.S.：

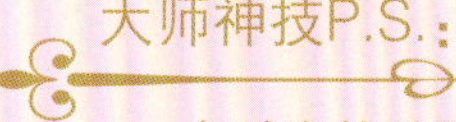

打造自然派具透明感的红润妆容时，可以使用腮红膏加强，并在腮红膏的上方，再轻轻地叠上少许粉饼或是粉底液，让红晕感更显自然透亮。

自然翘睫·电眼妆

打造迷死人的水汪汪电眼，其实只要一支睫毛膏+一个睫毛夹就足够了！

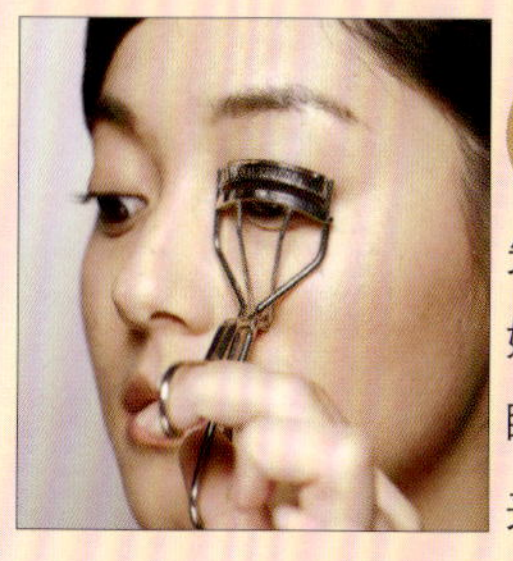

Step 1

先将睫毛由根部开始夹起，并轻轻将睫毛往上翻提，略夹几下后再松开。

Step 2

夹睫毛中段处，睫毛夹往上提高45度，夹几下后放开。

Step 3

将睫毛夹移至睫毛尾端，记住力道要轻，稍微提高角度，再轻轻地夹几下。

Step 4

将睫毛膏从睫毛根部往上轻刷一次。

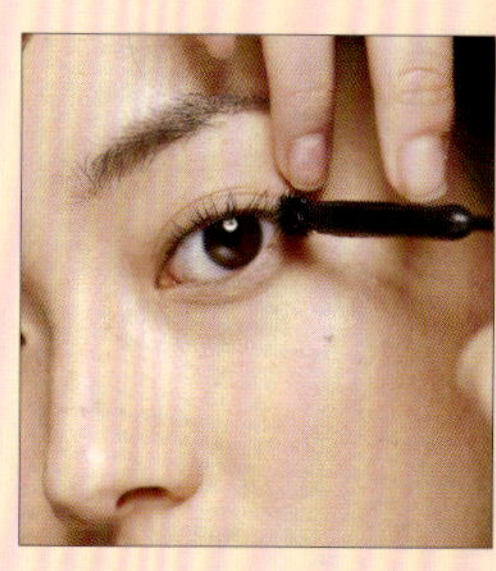

Step 5

刷眼尾部位的睫毛时，可将眼皮轻轻向上拉提一下，并用睫毛刷的前端来刷，会刷得更顺手均匀。

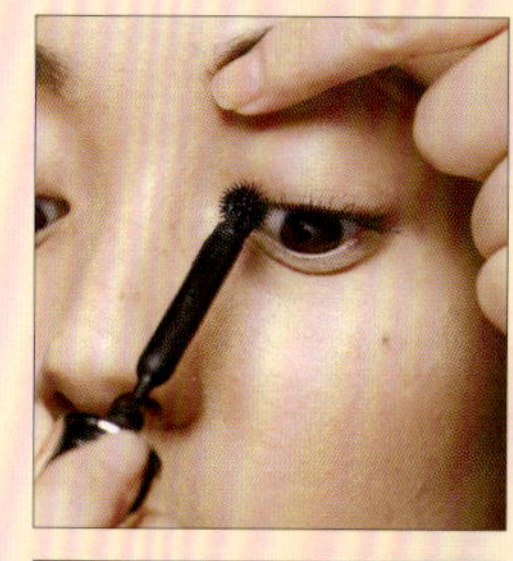

Step 6

眼头部位的睫毛，也可运用上述手法，将眼头的眼皮轻轻拉提，用睫毛刷前端仔细刷匀。

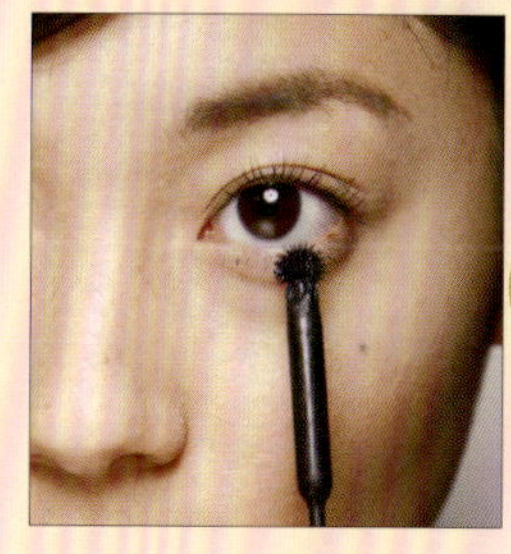

Step 7

以直立式拿睫毛刷，来回刷拭。

大师神技P.S.：

睫毛膏一次不要上太多；第一层先薄薄地刷上，等睫毛膏干了，睫毛的弧度初步固定之后，再刷上第二层，便能让睫毛更持久卷翘！

净亮层次 · 嫩橘妆

这个色系的眼影我大力推荐哦，实用度非常高，是甜美女生化妆包中的必备品。

Step 1

使用高明度的眼影，打在眉骨上，可让眼窝更深邃。

Step 2

用眼影棒贴着眼皮，由睫毛根部晕染到眼窝。

Step 3

再次加强睫毛根部处，让橘色眼影加深制造深邃感。

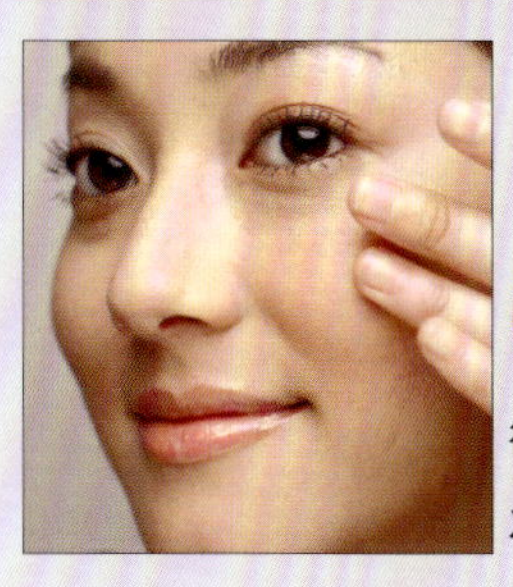

Step 4

微笑，并涂上慕丝状的腮红。

大师神技P.S.：

干净妆，除了必须运用遮瑕膏修饰外，眼影的选择上，也要以细致，延展性高的眼影为主。

清净美肌 · Q唇妆

有句名言是这样说的：因为是女孩子，所以不管什么时候都要可爱！即使到了秋冬季，即使包上了厚重的衣裳，妆容也要保持甜美可爱，妆容的秘诀就是打造一个水润丰满的嘟嘟唇！

Step 1

用遮瑕笔，在唇边描绘。

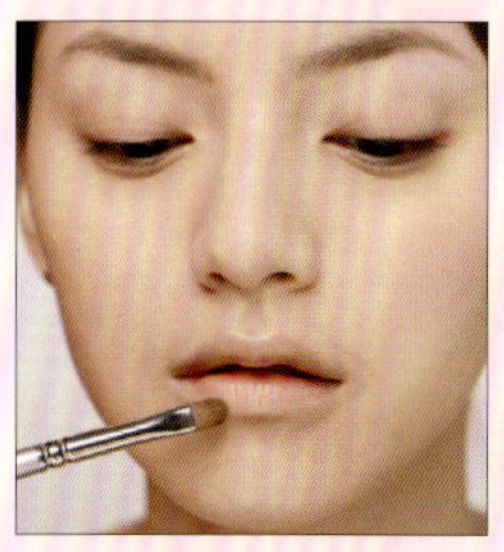

Step 2

用干净的刷子，推开边缘的线条。

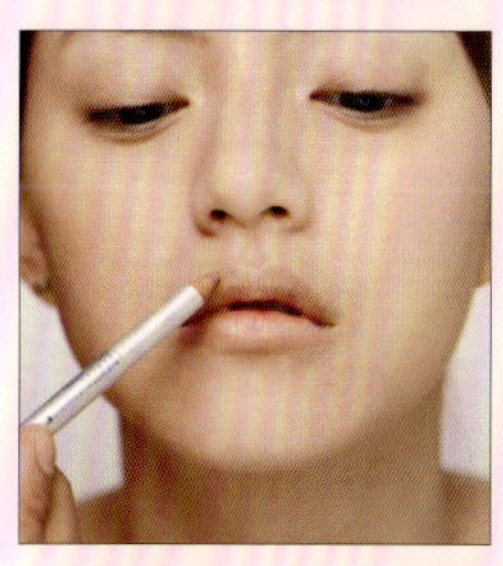

Step 3

用唇线笔画上粉红色唇线，唇形更立体。

Step 4

利用干净棉花棒，轻轻的将唇线和唇边晕开，使之自然融合在一起。

Step 5

利用珠光唇线笔，加强唇峰的轮廓。

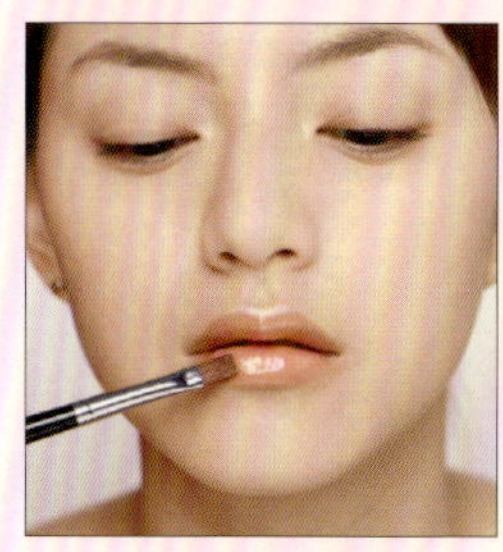

Step 6

用透明色唇蜜，加强立体感。

大师神技P.S.：

能让丰唇效果明显的透明唇蜜不能少！它可以让唇峰更加立体诱人。

极光宝石 · 雪亮妆

这款妆容现在是很多国际化妆品牌的主打妆容，很多大明星都尝试过哦。它的神奇就在于雪白静谧的妆容，却能让你散发出灼人的光芒,洋溢着未知而又冥冥注定的情愫。

Step 1

使用银白色的霜状眼影，用指腹打满眼窝，眼影会更加持久显色。

Step 2

将宝石银眼影点压在眼窝和眉骨处，稍稍打亮。

Step 3

在睫毛根部画上咖啡色的眼线，使眼神看起来更柔和。

Step 4

刷上特殊的广角造型睫毛膏，让睫毛能根根分明。

Step 5

在下睫毛上，以左右来回的方式，刷上睫毛膏，让眼睛更立体明亮。

大师神技P.S.：

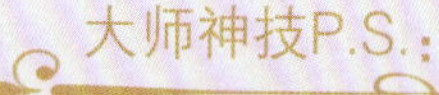

戏剧效果强烈的眼妆，可使用明度较高的白色眼影，效果会更明显；健康肤色的人，则可选择黄色调眼影。

晶莹剔透·极裸妆

若有若无的裸妆一直是女生们的大爱，这款极裸妆可是裸装的升级版，学会了能让你的皮肤任何时候都完美无暇，但又不会被任何人看出你化妆了哦。

Step 1

在色泽最深的黑眼圈部位，运用遮瑕膏来进行遮瑕。

Step 2

用指腹内侧轻轻点压开来，并在下眼睑处，柔和地晕开。

Step 3

加强后眼尾暗沉部位的修饰，用遮瑕膏点开。

Step 4

在眼皮处，由内往外画上遮瑕膏。

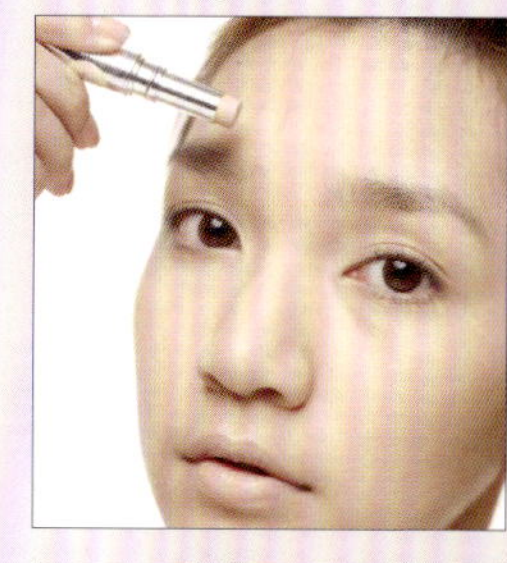

Step 5

在T字部位，也以遮瑕膏修饰。

Step 6

下巴画上遮瑕膏。

大师神技P.S.：

皮肤状况不错的人，只要加强T字部位、眼睛下方，以及下巴部位的遮瑕，妆感就会更立体净透。

Princess
公主非学不可的甜蜜彩妆

俏皮学院·学生妆

娃娃般的透明陶瓷肌能让你闪耀绝对的光芒！在充满光泽的底妆之下，浅浅地化一个眼妆，打上圆圆的腮红，这种剔透的感觉会让人怜爱不已。

Step 1

以米色眼影粉打亮眉骨，加强自然立体感。

Step 2

用明亮度高的米色眼影，从眼头刷到眼尾处，眼头打亮后，鼻子便更具立体感。

Step 3

再用咖啡色眼影，从睫毛根部， 柔和地晕染至眼窝二分之一处。

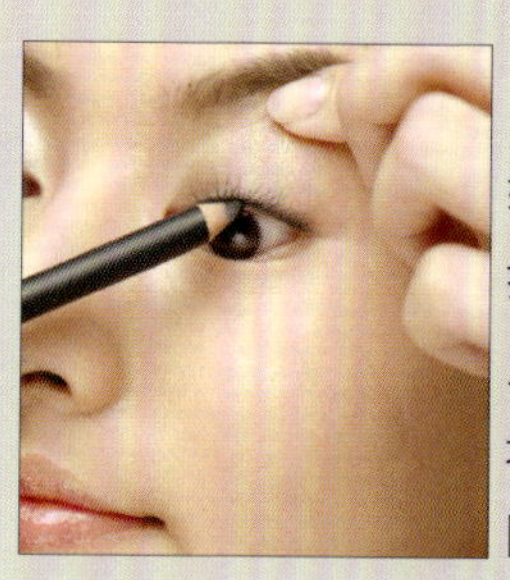

Step 4

轻轻地将眼皮往上提，在内眼睑处，用墨绿色的眼线，填补睫毛中间的空隙。

Step 5

用左右来回的方式，刷上睫毛膏，让眼睛更有神韵。

独特韵味·OL气质妆

我的粉丝里很多都是70后、80后OL，每天化妆上班。但是，你觉得你的妆容够百搭,够气质，够出彩吗？今天就教你两款最新的日系妆容，用来上班相当合适，很百搭，还能让你赢得办公室高人气哦。

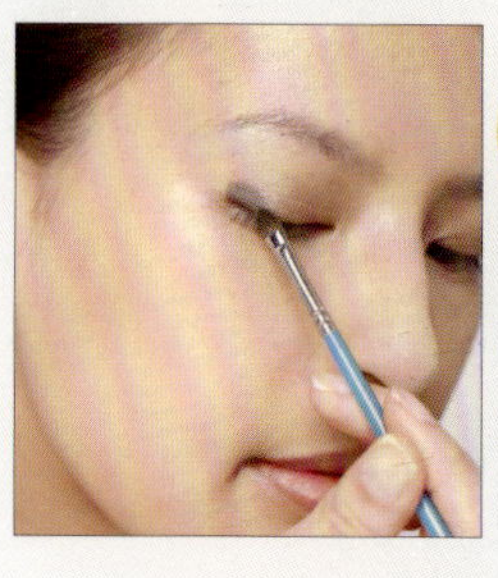

Step 1

选择驼色或金色眼影，从眼凸的位置，慢慢往眼头和眼尾晕开。

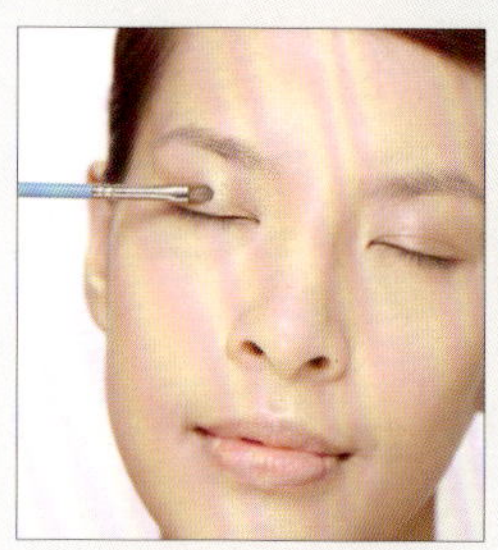

Step 2

选择深咖啡色眼影，由后眼角斜刷到瞳孔中间处。

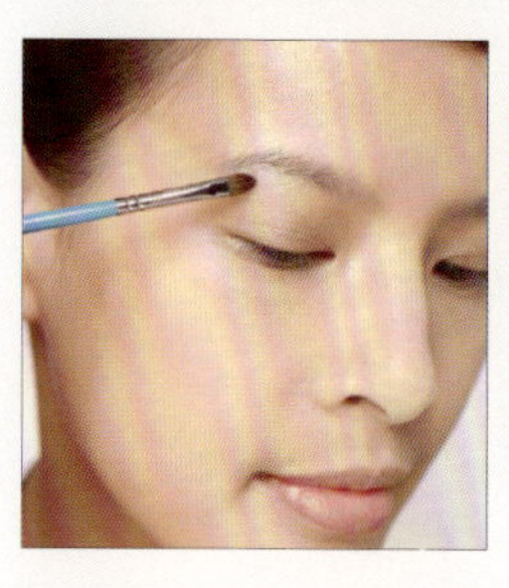

Step 3

从后眼尾交叠同色眼影，慢慢地往眼窝处，淡淡地晕染开。

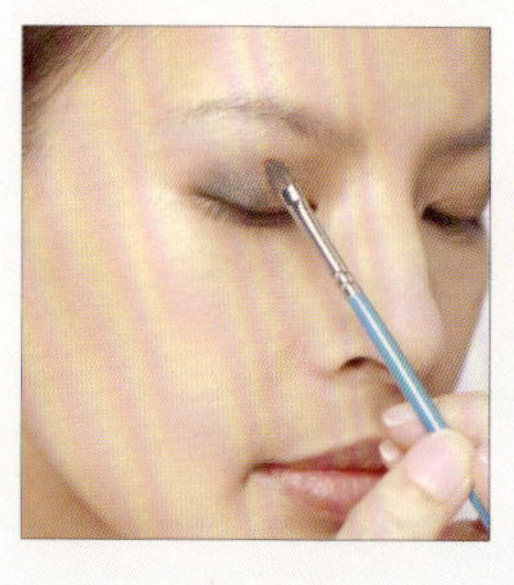

Step 4

使用白色的珠光眼影，在眉骨上加强眼妆立体感。

Step 5

选择黑色眼线胶，在睫毛上方，画上0.2厘米宽的眼线，并从眼头慢慢晕染到眼尾处。

华丽街头·宴会妆

在黑夜的狂欢派对上，淡淡的光线总能引人遐想。在这样的场合要突出自己，那就要做到各部分皆完美的妆容！冷色系的眼影优雅非凡，电力十足的双眸，一定能让你的王子心动不已。

Step 1

先用米白色眼影打亮眉骨后，再用淡金色眼影打亮眼窝。

Step 2

用同色的淡金色眼影，从后眼角往前晕染。

Step 3

用深紫色眼影，由后眼角处往前晕染至眼窝三分之一处，并与金色眼影融合。

Step 4

用墨绿色眼线胶，从眼头处开始加粗，描绘出0.2厘米宽度的眼线。再从眼尾往上拉长眼尾大约0.2公分。

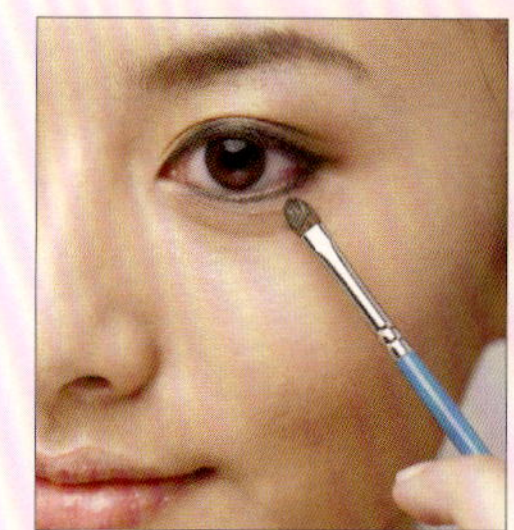

Step 5

用墨绿色眼线胶，从后面下眼角开始，轻轻晕染至眼头。

Step 6

戴上交叉型假睫毛，使眼神更加深邃。

冰蓝丝绒·小烟熏妆

烟熏妆给人的第一印象总是黑黑的眼圈，看起来脏脏的。那怎样才能化出干净又迷人的清纯派烟熏妆，能同时具有深邃的眼神和洁净的气质呢？掌握下面几个要点就可以获得理想的妆效。

Step 1

用蓝色眼影，先画在眼窝大约二分之一处。

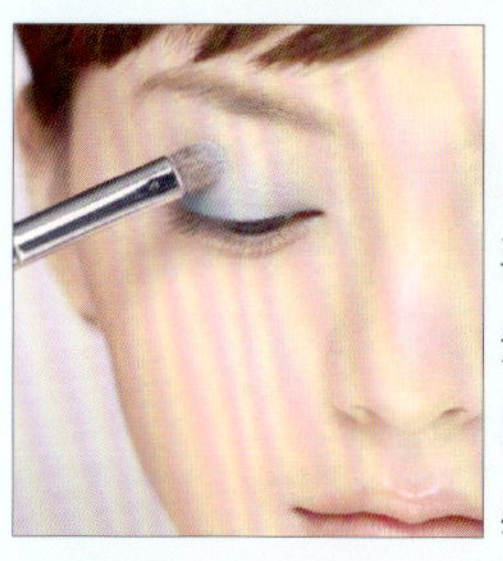

Step 2

再使用浅蓝色眼影，在眼窝处来回刷拭，加强层次感。

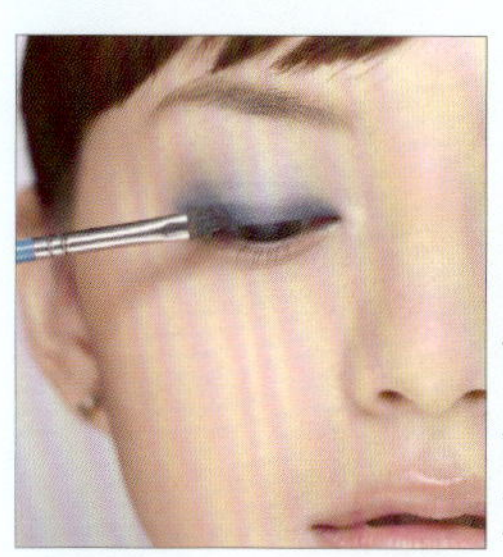

Step 3

使用深色眼影，刷在睫毛根部，要与蓝色眼影融合。

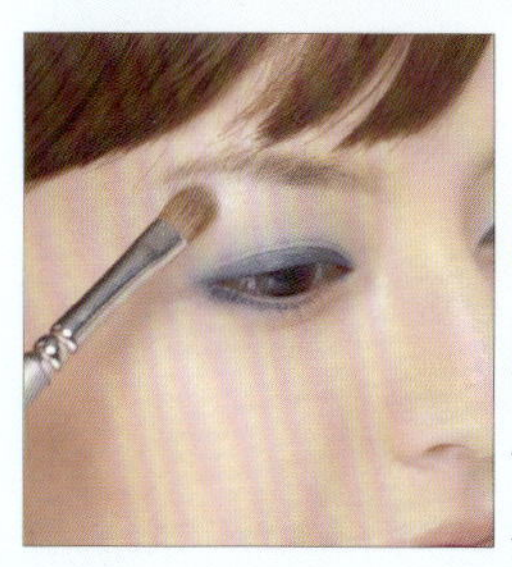

Step 4

以浅色眼影，加强眉骨，眼妆就会更立体。

Step 5

在笑肌处，以粉色腮红加强。

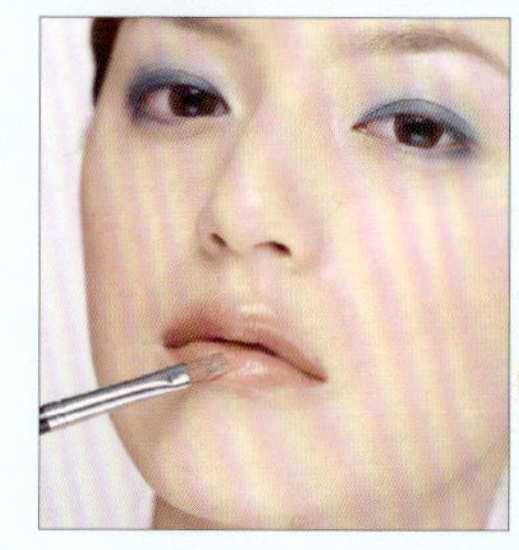

Step 6

涂上粉色口红。

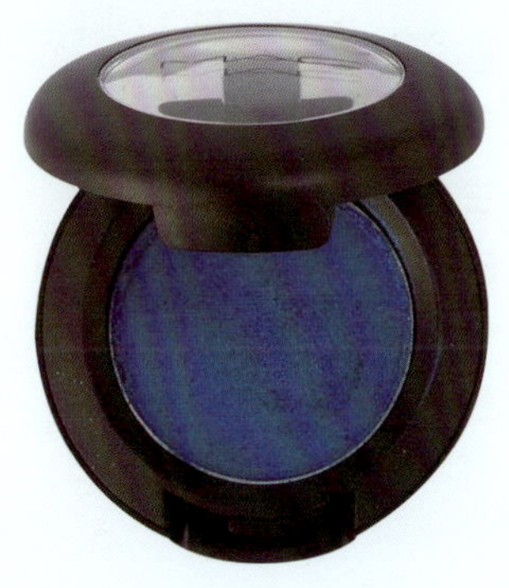

无辜大眼· 明眸妆

用多层眼影渲染营造的大眼妆，看起来让人觉得很难化。今天就教大家以眼线为重点来点亮双眸的日系无辜大眼妆，简简单单的一条眼线就能够让眼睛立刻变大。很容易上手哦!

Step 1

以金色眼影，由眼皮中间向外均匀推开。

Step 2

用咖啡色眼线胶，从眼头到眼尾，画上线条。

Step 3

由后眼尾慢慢往眼头，晕画上线条，由粗到细， 越到眼头处，线条要越细。

Step 4

用细的眼线笔刷，蘸取黑色眼线胶，往后平拉约0.5厘米。

Step 5

用粗的眼线笔，蘸黑色眼线胶，涂满后眼角下方三角形的部位，再次加强立体感。

大师神技P.S.:

无辜眼神的营造，着重在下眼线部位打上眼影，上眼影的部位就不要画得太多，或是在色彩上可选择浅色眼影。

中性甜心·裸唇妆

中性风已经流行了几年，热度丝毫不减。当你想做一款中性感觉的造型，妆容自然也要应景才可以。一提“中性”风潮，很多人会觉得只适合长得比较帅气的女生。其实，中性妆容几乎适合每个女孩，它淡化了娇柔，强调了大气，隐藏了妩媚，凸显了个性，代表了另类性感的新势力。

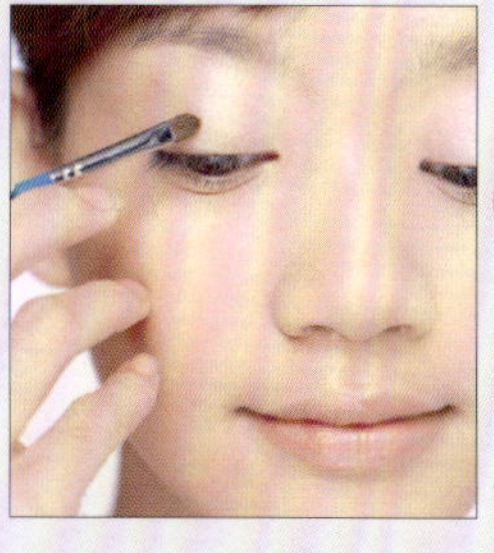

Step 1

用珠光眼影，从眼窝中间往两侧晕开。

Step 2

用蓝色眼线，从眼头往眼尾画，眼线宽度约0.2厘米。

Step 3

后眼尾平拉约0.3厘米。

Step 4

先用睫毛膏，刷拭一次。

Step 5

使用交叉型的假睫毛。

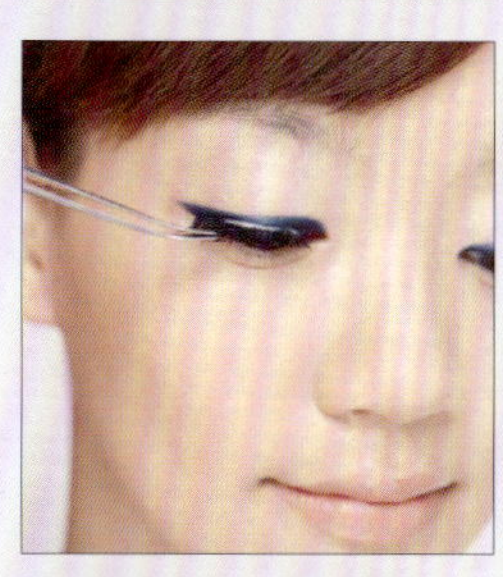

Step 6

戴上时先对准后眼角处，切记与眼头间要保留0.3厘米的宽度。

Step 7

微笑一下，使用粉橘腮红，从笑肌晕染开后，将剩余的腮红粉，再往颧骨处晕染。

Step 8

选择粉藕色的唇膏。

大师神技P.S.：

想要中性兼具粉嫩感，眼妆可以化烟熏，腮红或唇蜜就可以用粉嫩色系来加强甜美感。

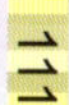

小恶魔系 · 猫眼妆

现在最HOT的小恶魔系眼妆来了！ 看到眼睛变圆又变大的猫眼妆，难道你不心动吗？其实看似难学的眼妆，只要掌握小技巧几步就能完成，还等什么，跟着一起来学习吧！

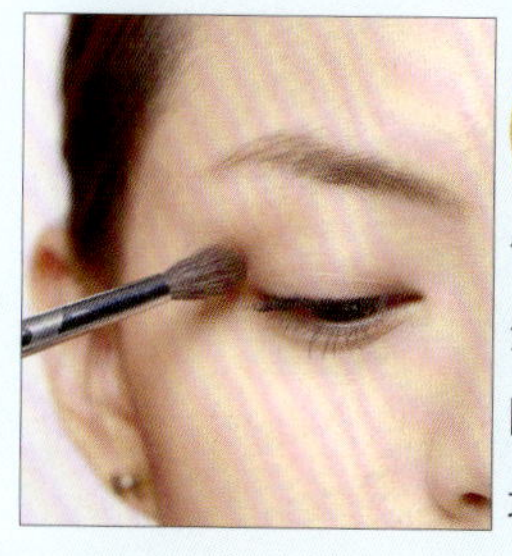

Step 1

使用棕色的粉质眼影，先从后眼尾往眼窝处，均匀渐层地刷开。

Step 2

眼窝处用干净的刷子，来回刷拭以加强层次。

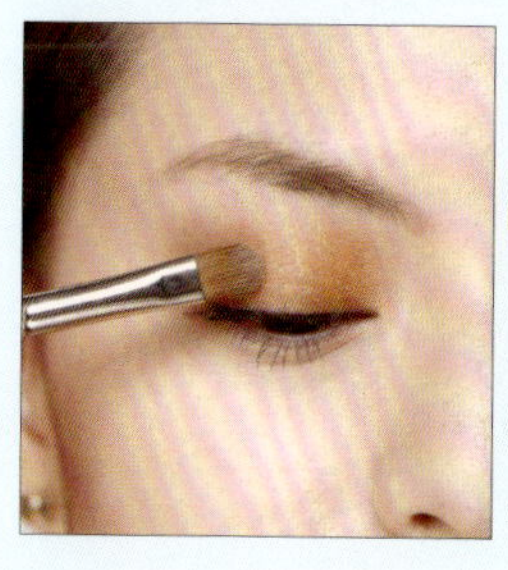

Step 3

用金橘色眼影，从睫毛根部，慢慢地晕染眼窝。

Step 4

使用金色大亮片，加强眼皮中间的部位即可。

Step 5

用浅色眼影，在眉骨上来回刷拭，让眼妆层次分明。

Step 6

黑色眼线笔，从后眼睑描绘到眼皮的中间。

Step 7

再从眼皮中间，描绘到眼头部位。

粉紫春天·梦幻妆

如果说用一种颜色去形容女人，那非紫色莫属。紫色是很百搭而且富于变化的颜色，无论是参加PARTY还是平时逛街，你只要用一种颜色——紫色，就能打造各种不同的魅力妆容。

Step 1

肤色白皙的人，可以在眉骨上，先刷上白色珠光眼影，并柔和地晕开。

Step 2

选择粉紫眼影，从睫毛根部开始慢慢地晕染到眼窝处。

Step 3

选同色系的眼影，从后眼尾往前柔和地晕染开来，越靠近眼头的颜色要越浅。

Step 4

选黑色眼线笔，在内眼线部位加强一下，增加眼睛的自然深邃感。

Step 5

夹完睫毛后，使用梳子状睫毛膏，由睫毛根部轻轻地左右来回刷拭。

Step 6

为了创造出大眼效果，记得先从黑眼球的下方，将睫毛刷得纤长又浓密。

Step 7

颊妆搭配：搭配粉色系腮红，画在笑肌上。

Step 8

唇妆搭配：唇妆可选择浅粉色，让妆感更协调。

Dream
轻熟女梦妆狂想曲

幸福微甜 · 粉嫩妆

很多女生都狂恋芭比，爱她的粉嫩色彩，爱她的可爱造型。现在你只要学会这个妆容就能把自己打造出如芭比娃娃般粉嫩的感觉。

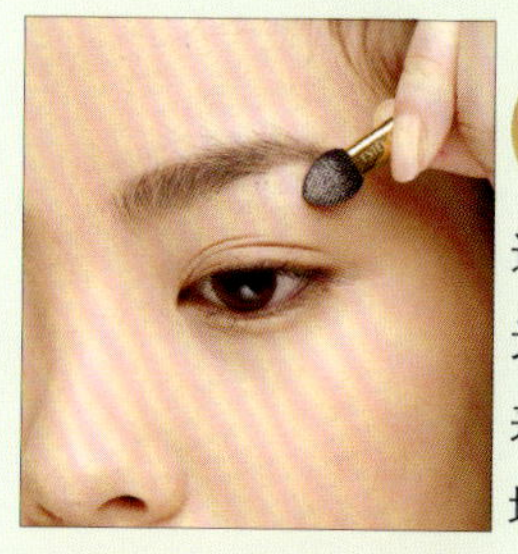

Step 1

选择白色的细致珠光眼影，以眼影棒来回在眉骨处柔和地晕开。

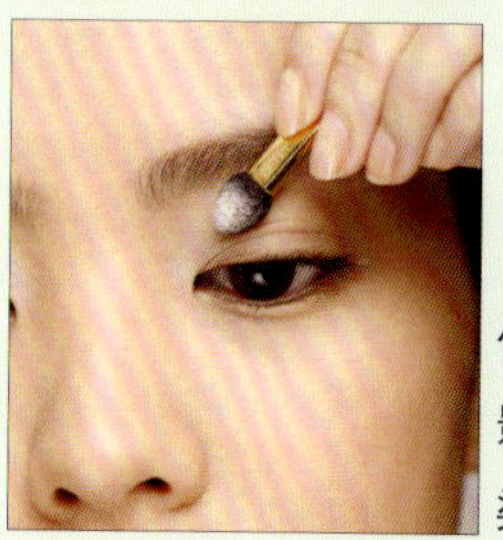

Step 2

使用同样色系眼影，从眼头往后晕染。

Step 3

选用浅绿色的珠光眼影，从睫毛根部往上晕染至眼窝，让轮廓更显明亮。

Step 4

用手轻轻拉起眉尾，用黑色眼线笔在睫毛根部画上黑色眼线。

Step 5

使用棕色眼影，在后眼尾处渐次晕染开来，以加强眼睛的深邃立体感。

Step 6

以粉色腮红，在笑肌上画圆晕染，增添好气色。

Step 7

使用浅粉色腮红，在笑肌边缘处，柔和晕开，即可呈现自然的娇羞红晕感。

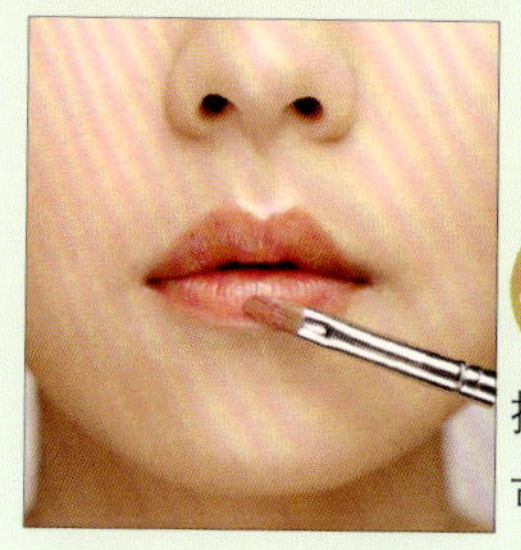

Step 8

搭配粉质口红，即可完妆。

大师神技P.S眼影＆眼线混搭秘诀

当使用的眼影是浅色时，若想让眼线更自然，可以选择咖啡色；想要眼妆更立体有神，则可选择黑色眼线。

摇滚甜心 · 复古妆

我对这个妆容有个很好的诠释：带着那么点不羁，那么点诱惑，却宣读着只属于女人的那份优雅，这才是女人最好的姿态。

Step 1

选择桃红色眼影，用无名指指腹，从眼头开始往后晕染二分之一。

Step 2

用延展性高的黑色眼线笔，从后眼尾往上提拉约 2 厘米。

Step 3

在连接至眼窝二分之一处的地方做收尾。

Step 4

使用眼线笔把三角形的地带补满，边缘处要晕开，并压上眼影，才不会有不自然的界线。

Step 5

使用同色眼影，从尾端轻轻往眼头方向晕染。

Step 6

眼妆较浓重时，记得戴浓密型的假睫毛，较有整体性。

大师神技P.S晕染 & 颜色混搭秘诀

桃红色眼影和黑色眼线的连接处，需要融合得很自然。如果想要玩出不同色彩的眼影，在眼头可以选择色彩饱和度高的眼影来搭配，效果会更好。

纯白天使 · 水漾妆

烈日、高楼、车流、人群，会让身在这个城市的人们更觉得闷热和煎熬。还有什么能比水更让我们觉得凉爽、舒服的呢？水漾妆容，以通透、水润的质感带来清爽，纯白天使是坠落人间的宠儿，凝聚万物灵气。这款妆容有个魔法，就是能让你在喧嚣城市中身心静谧。

Step 1 选择肤色的珠光眼影。眼影从睫毛根部晕染至眼窝。

Step 2 再将睫毛夹出卷翘感。

Step 3 用梳子型的睫毛膏，在卫生纸上先沾去多余的睫毛膏，先刷上一层。等干了之后，再刷一次。

Step 4 以横向刷法，让睫毛根根分明。

Step 5 用粉橘色腮红，加强红润感。

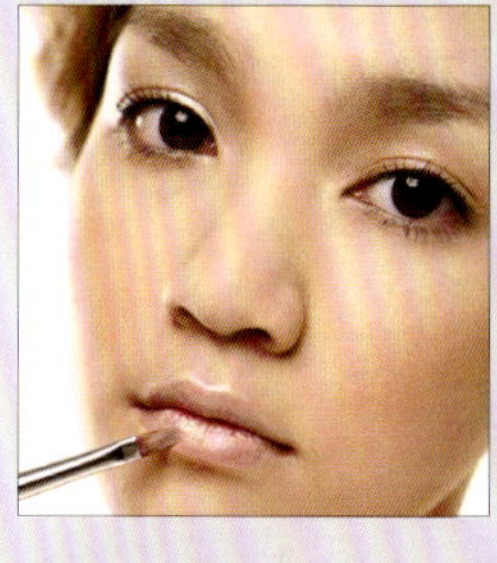

Step 6 先上一层粉色系的粉质唇膏。

Step 7 使用白色珠光唇线笔，在唇峰处做加强，让嘴形更立体。

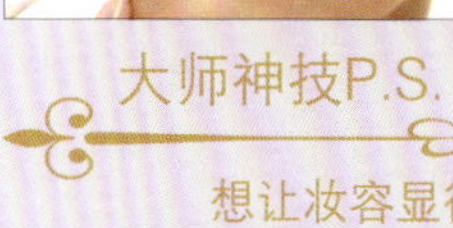

大师神技P.S.

想让妆容显得纯白净透时，可以选择浅粉色以及白色系的产品，来加强整体妆容的明亮度，以及立体感。眼妆完妆时，可以在眼头处，点上明亮且具有湿润感的眼影，或是专业用的眼胶，让眼妆显得更加透明。

桃色公主·美感妆

一抹甜蜜的桃粉色，能将你带入少女的迷幻梦境，学会这款妆容，你就能摇身变成美丽的公主，得到所有人的宠爱。

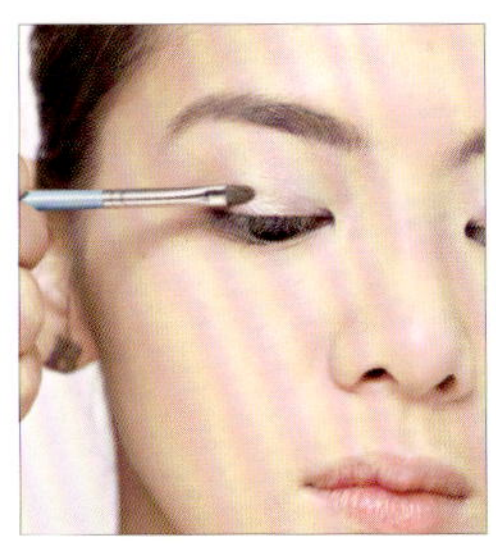

Step 1

以浅色眼影，在眼窝打底。

Step 2

选择桃红色眼线胶，从眼头先画到眼尾。眼线宽度约0.3厘米。

Step 3

使用一样的颜色，从后眼尾平拉约0.5厘米。

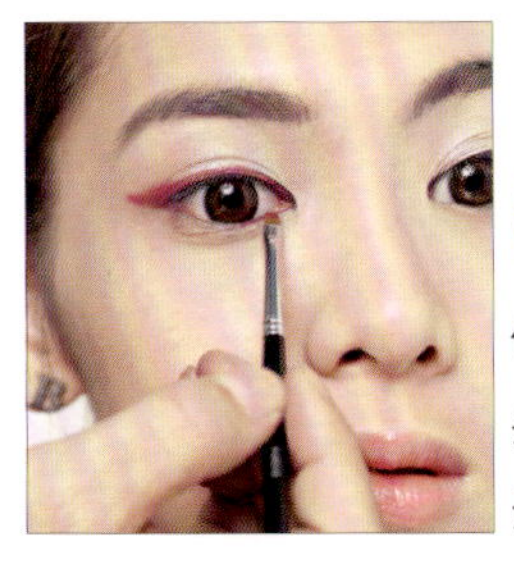

Step 4

使用小刷子，从眼头往眼尾慢慢晕开。

Step 5

后眼尾处要加强补上，不可以有空隙。

Step 6

以黑色眼线笔，加强内眼线的描绘。

Step 7

用夹子先将假睫毛夹在中间，对齐后，再于眼尾处粘上。

大师神技P.S.

使用桃红色眼线胶画眼线时，记得一定要补上黑色的眼线，眼睛才不会显得小。

天真无邪·透明妆

大家看韩剧的时候，都会羡慕里面女主角的妆容干净透明又好看。既透明，又成妆，是不是需要很高的化妆技巧？实际上你只要掌握简单的几个小技巧就能化出这样的妆容。

Step 1

使用亮色系眼影，用眼影刷以平刷的方式，将眉骨打亮。

Step 2

用一样的眼影，大面积地将整个眼窝涂满，只要适度地打亮即可。

Step 3

斜握咖啡色的眼线笔或眼线胶，在睫毛根部，一点一点地画上眼线。

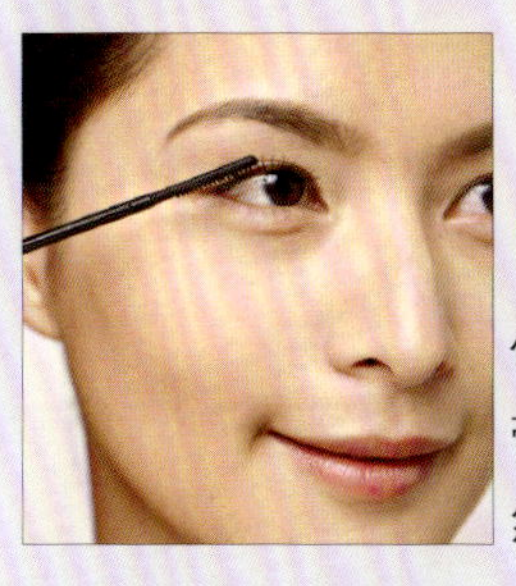

Step 4

使用纤长型睫毛膏，让睫毛呈现自然的妆效。

Step 5

先微笑，将腮红从笑肌开始，往后刷并柔和地晕开。

Step 6

接着选择裸色唇膏，从唇中央开始涂开。

大师神技P.S.

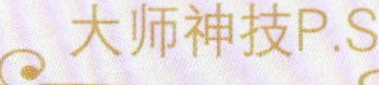

整体妆容有时不需要太多的颜色，也可以看起来非常有精神。只要加强好气色，素净的妆容也是可以很亮眼。另外，使用白色眼影时，切记不要涂在眼窝上，以免显得泡肿。

神秘紫漾·名媛妆

你是否偶尔也会羡慕经常打扮得优雅高贵出席各种场所的名媛，她们的出现总是会吸引众人的目光。不用羡慕别人，有了化妆的魔法，你也可以变身名媛。

Step 1

选粉色系眼蜜点在眼凸处。

Step 2

用指腹往外均匀地推开。

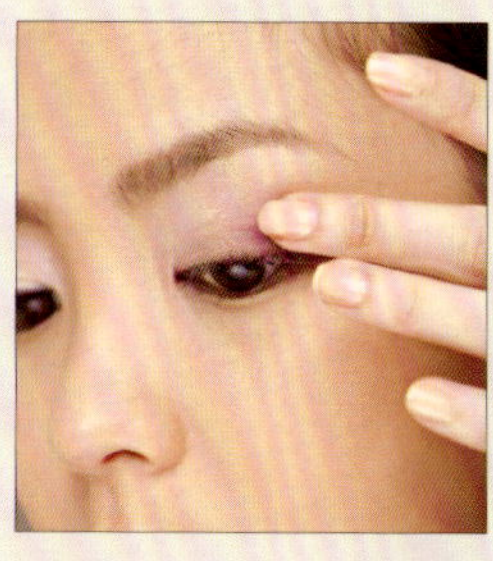

Step 3

用紫色眼影点在后眼窝上，并轻轻晕染开。

Step 4

用黑色眼线液从眼头开始往后拉出线条感。

Step 5

用紫色眼影由后往前晕染开，加强下眼影的柔和感。

Step 6

戴上睫毛，眼头和假睫毛间要拉出0.3厘米的距离。

大师神技P.S.

在选择紫色眼彩时，要避免太过深重的紫色。可选择郁金香紫，不但容易晕染，画完后也不会有脏感。

甜美风暴·糖果妆

缤纷的糖果色，似乎掺杂着女人甜蜜的梦想。这个酷暑炎夏，糖果彩妆会再度稳坐流行妆的榜首，如彩虹般的各色鲜艳妆品，真让人垂涎欲滴，还等什么，赶紧用甜蜜的糖果妆来迎接这个多彩的夏天吧！

Step 1

用粉色的粉质眼影，用圆刷头式的刷子，在眼窝处来回刷。

使用浅色眼影，晕染开后与粉色眼影自然融合。

握稳绿色眼线液，从眼头处往后拉出线条，让眼妆有惊艳的效果。

大胆地运用橘色唇膏，均匀涂上双唇。

大师神技P.S.

整体妆容在色彩的搭配上，眼影的颜色尽量不要太过强烈。暖色系的眼影很讨喜，搭配同样暖色系的唇彩就能显得柔美又亮眼了。

蕾丝美眼·复古妆

复古风现在猛刮不减。丝绸般白嫩的肌肤上，鲜红的双唇散发极致女人味。想要复古而甜美的感觉可以选择深粉红色，在成熟优雅的同时又加了点天真烂漫的气息。

Step 1

将橘色眼影，从睫毛根部往上均匀地晕染到眼窝二分之一处。

Step 2

将刷子直着拿，在眼影外侧来回晕染开来，就会有大眼的视觉效果。

Step 3

用带有珠光的白色眼影将眉骨打亮，使眼妆看起来更立体有层次。

Step 4

以同色眼影画在下眼睑，即可呈现立体的眼眶，让眼睛再放大。

Step 5

内眼线的重点是让眼睛轮廓更加突出。

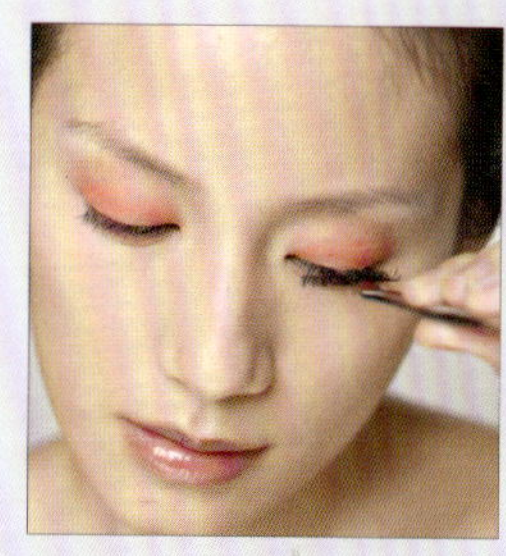

Step 5

选一副自然型的假睫毛，剪出适合眼形的宽度，蘸取睫毛胶，等胶变透明后，再靠近睫毛根部直接贴上。

Step 6

最后再刷上睫毛膏。

大师神技P.S.

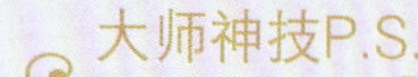

以粉色为主的强烈眼妆，在宴客时，也可以用唇彩和腮红加强粉嫩感，营造不同的妆效。

华丽时空 · 美睫妆

根根分明的睫毛加上深邃的眼妆，营造的神秘感能让你散发难以抗拒的性感，魅惑指数瞬间破表哦。

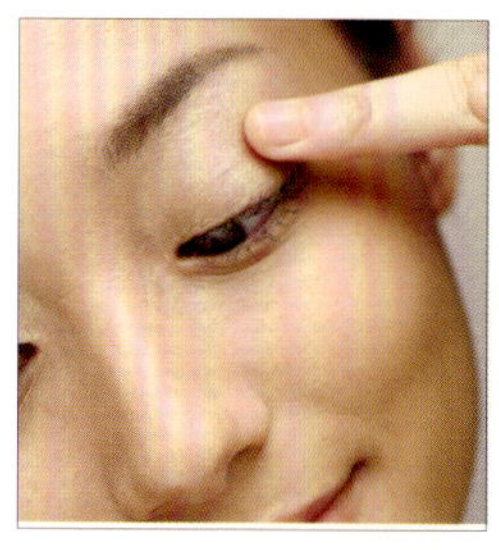

Step 1

用指腹涂上金色的眼线膏。

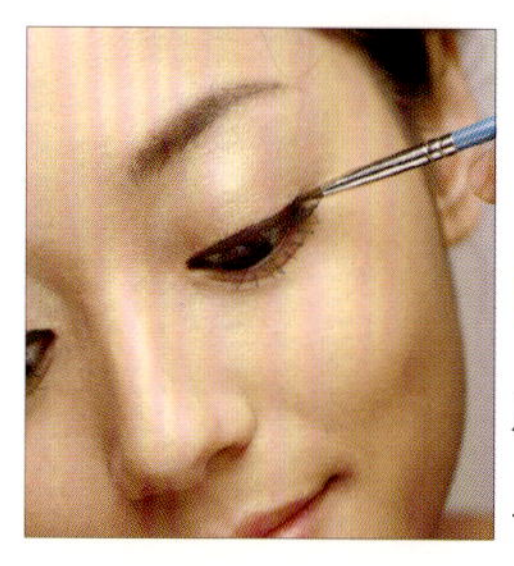

Step 2

从眼头到眼尾，画上黑色眼线。

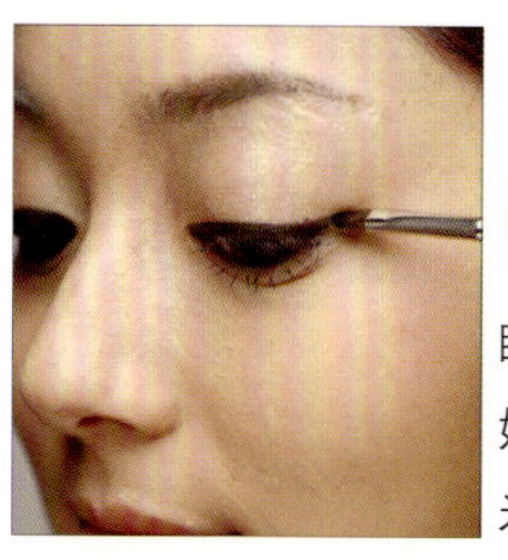

Step 3

眼线从后眼尾开始，拉长约0.2厘米。

Step 4

涂上假睫毛胶，等待八分干后，再粘上浓密型假睫毛。

柔美线条 · 娇媚妆

这款欧美系的烟熏妆，带着点复古风，又不失时尚感。我有个当新娘的朋友在婚礼上尝试过，她个人非常喜欢，效果也很惊艳哦。

Step 1

选择白色眼影，将眼窝内画满，打造高饱和的效果。重复按压，效果更显著。

Step 2

用黑色眼影，从眼尾往前点压，至黑眼球正上方（眼睛中间的部位）。

Step 3

用墨绿色眼影，从后眼尾同样的位置，由眼窝点压到中间，呈现出く字形。

Step 4

选择圆形刷子，刷子呈90度在眼窝处轻轻地来回刷拭晕染。

Step 5

以同一方式，刷拭到眉头下方晕开。

Step 6

用墨绿色眼影，连接上眼影，并慢慢往眼头晕开。

大师神技P.S.

后眼尾的深色眼影，尽量选择粉质感的眼影，效果会更好。眼妆在晕染时，如果晕染不出柔和效果，建议可用干净的棉花棒，在显脏的眼影部位，轻轻地将眼影推开，以加强边缘的层次感。

魅惑金色 · 贵妇妆

这款妆很适合轻熟女，能让你看起来非常优雅贵气，也是一款比较百搭的妆容。

Step 1 使用明亮度高的金色眼影，将眉骨的部位打亮，眼妆的立体度就会很明显。

Step 2 使用金色的珠光眼影，涂在眼窝内，整面均匀打亮。

Step 3 使用咖啡金的修容饼，从鬓角与颧骨上方往前晕染，在靠近笑肌的地方，柔和晕开来。

Step 4 使用金色亮膏，打在颧骨上方，用点压的方式，加强立体明亮度。

Step 5 画上蓝黑色眼线，加强眼神立体感；眼线画粗一点，则可让眼神更明亮。

大师神技P.S.

想要加强轮廓的立体效果，在颜色选择上，除了珠光白、米色、黄色之外，也可以选择金色的眼影来加深轮廓。

多彩幻色·亮丽妆

这款绚丽多彩的妆容很适合要参加艺术沙龙的女生，能让你有一股清新扑鼻的艺术气息。

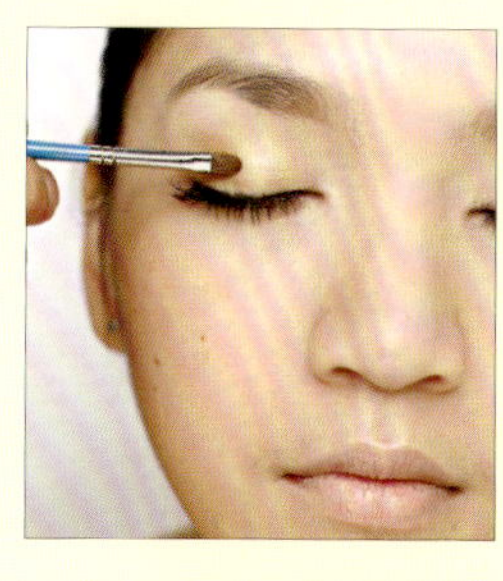

Step 1

用眼影刷将眼窝以鹅黄色珠光眼影先打亮。

Step 2

在眉毛下方，使用橘色眼影，并轻轻地晕开边缘。

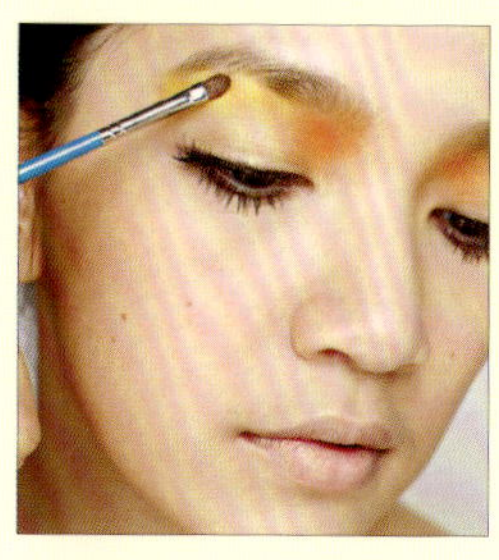

Step 3

使用黄色调眼影在眉骨处加强。

Step 4

用绿色眼影，在后眼角处，轻轻压上后晕开。

Step 5

用粉红色眼线笔，从眼头轻拉到后眼尾。

大师神技P.S.

刚开始学习混搭色彩时，尽量以暖色或是冷色来搭配，或是深色和浅色的搭配法，比较不容易出错。

晶漾精灵 · 闪闪妆

精灵妆给人的感觉就是充满灵气，还透着一股幸福的甜蜜感，等你披上嫁衣的那一天，选择这个妆容肯定没错。

Step 1

在刷子上喷水，蘸取细致的亮粉后按压在眼皮上。

Step 2

用黑色的眼线来强调眼影的深邃度。

Step 3

选择同色系的亮粉，在后眼角上按压，并往前晕染。

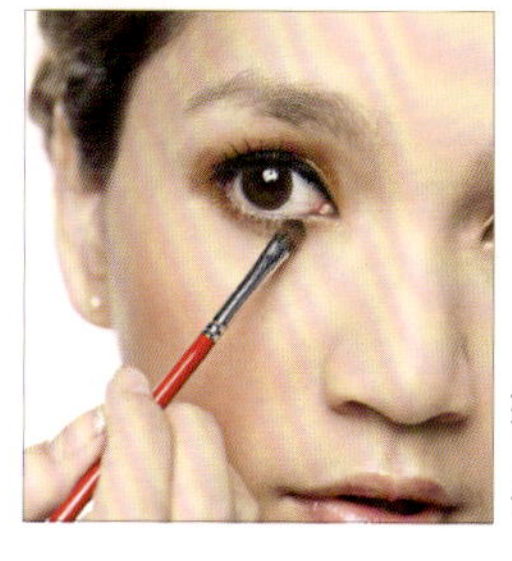

Step 4

轻轻地把亮粉往眼头晕染。

Step 5

用梳子型睫毛膏将睫毛刷得根根分明不纠结。

Step 6

使用橘色腮红，从笑肌沿着颧骨方向晕染开来。

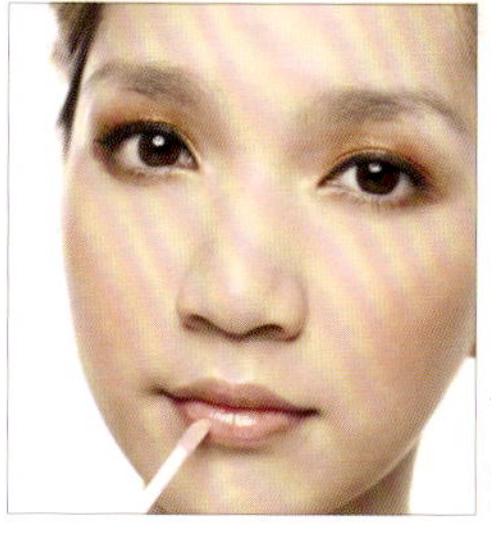

Step 7

使用透亮唇蜜，加强晶亮感。

大师神技P.S.

用亮粉型眼影时，刷子可以先喷点水，不但容易蘸取，且上色后会更加服帖。若亮粉脱妆，则可用胶带或是棉花棒蘸取粉底或是遮瑕膏，轻轻推开，即可清理干净。

Party
派对女王　越夜越美丽

狂野热辣 · 巧克力妆

巧克力妆非常适合亚洲人的暖调肤色，无论是双眸，或是唇部，都能显露出成熟而柔和的女人气息。如果你要去参加一个狂野派对，性感妩媚的巧克力妆一定能为你增色不少。

Step 1

以咖啡色眼影，从眼头描绘到眼尾，并在眼尾加粗。

Step 2

由后眼尾往前斜刷，加强宽度。

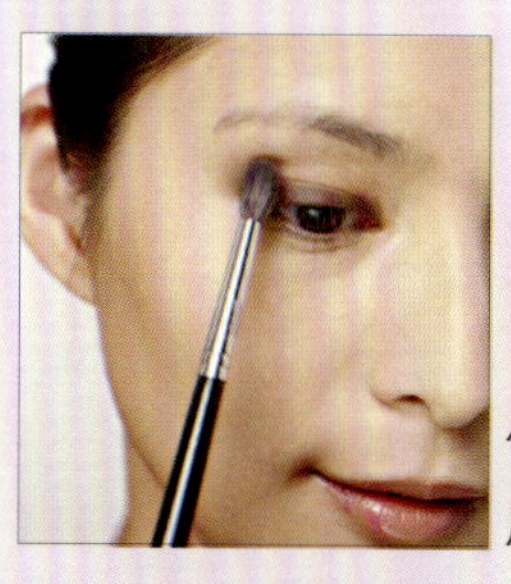

Step 3

使用眼影刷，在眼尾处来回刷拭。

Step 4

以黑色眼线来加粗眼线的宽度，且可加强眼妆的立体效果。

Step 5

戴上浓密型假睫毛，让眼睛更显神采深邃。

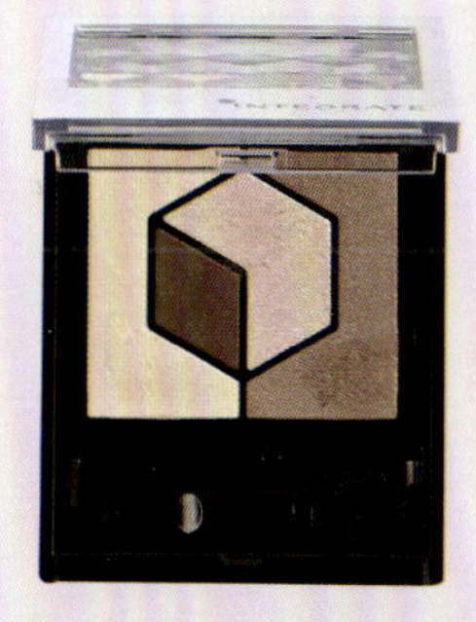

炫目金属·混血LOOK妆

很多女生总是在感叹西方美女的深邃五官，其实亚洲人的五官虽然不及外国人深邃，但是要化一款性感的立体妆也不是没可能哦！年末派对季的时候最适合这款性感的大眼混血妆了，绝对惊艳！

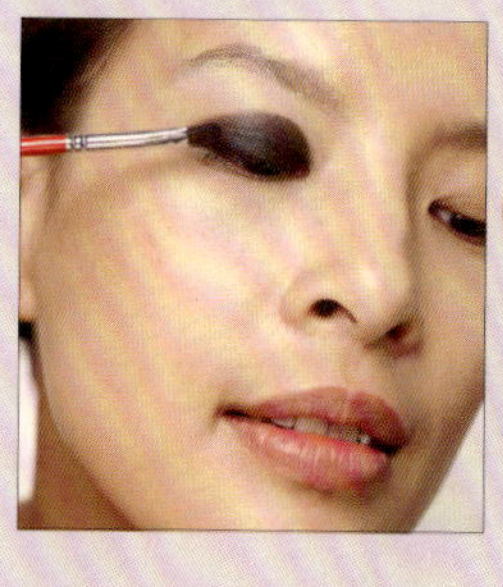

Step 1

先用黑色眼影，从睫毛根部描绘到眼窝2/3处。

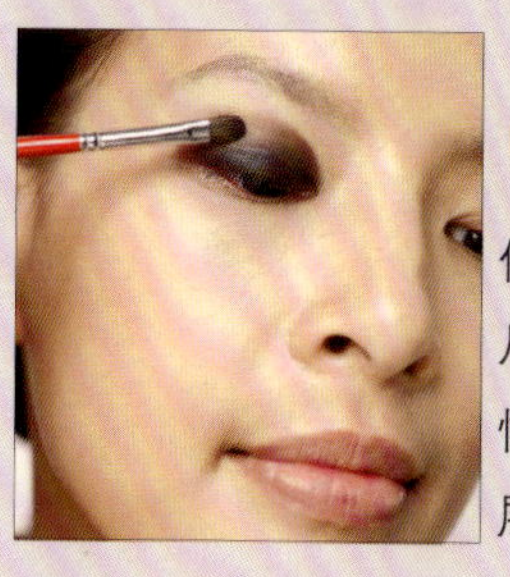

Step 2

使用咖啡色眼影，从黑眼球上方，慢慢往上晕染，加强层次。

Step 3

用一支干净的眼影刷，在眼窝上来回刷拭。

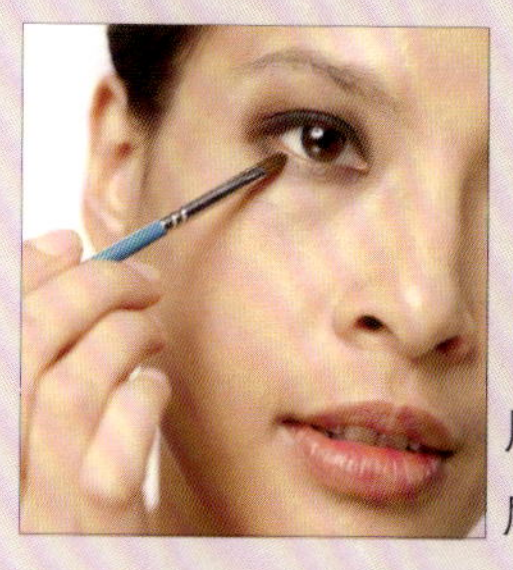

Step 4

用咖啡色眼影从眼尾往前晕染。

Step 5

最后用黑色眼影，在睫毛后段的1/3处画上眼影。

性感甜美·吉娃娃妆

吉娃娃是很多朋友喜欢的宠物狗，它的眼神中透露着一种若有若无的性感和无助，能让你在30秒内就对它心动不已，1分钟就爱上它哦。

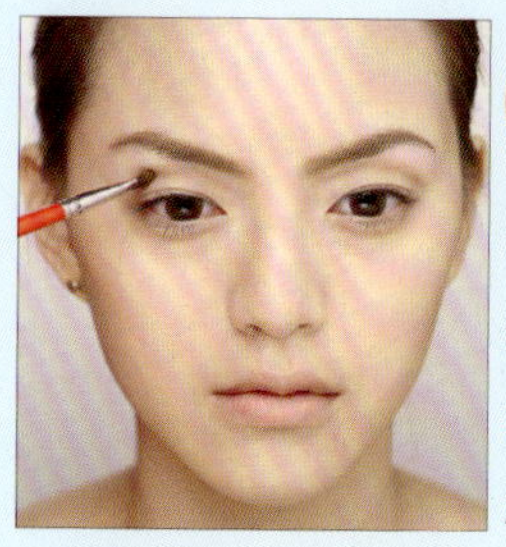

Step 1 用淡咖啡色粉质眼影画在眼窝处，眼睛面对镜子直视前方，在眼窝处轻压上眼影，并左右来回刷匀。

Step 2 利用同一支刷子，慢慢地往外柔和晕开，呈现出层次。

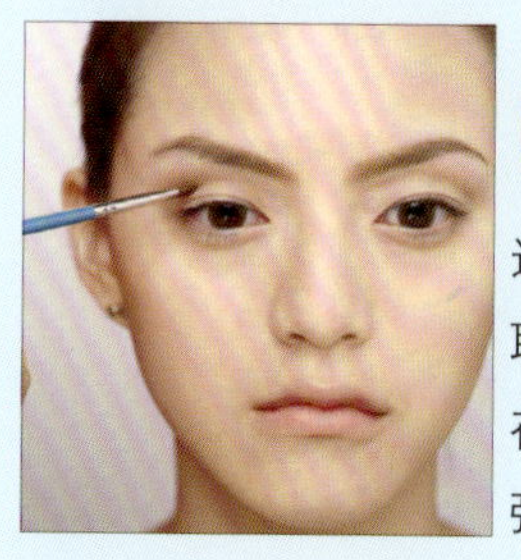

Step 3 选用小眼影刷，蘸取深咖啡色眼影，在眼窝处轻轻地加强深邃度。

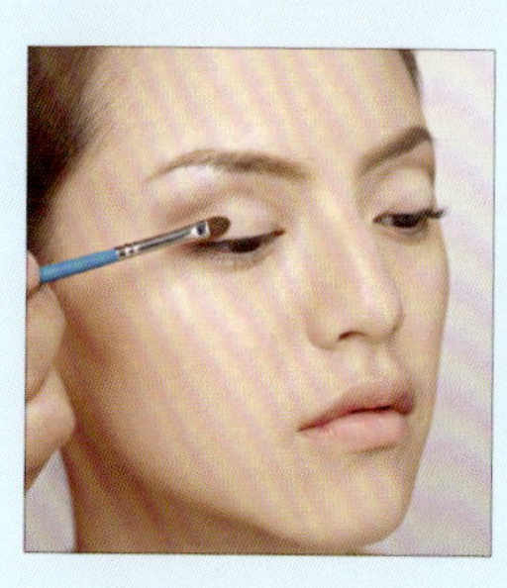

Step 4 用浅色眼影在眼睛中间向外晕开。

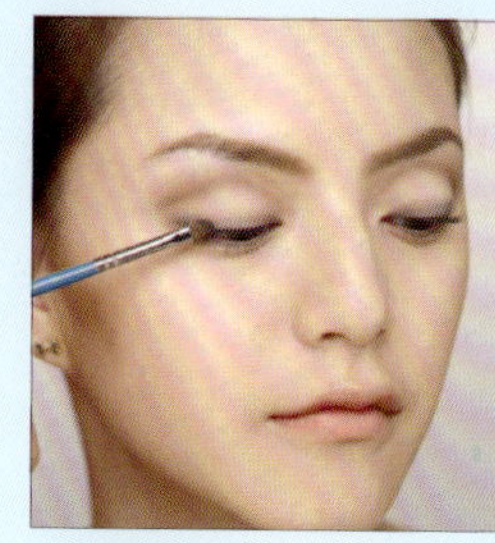

Step 5 蓝色眼影，画在睫毛处，由眼头往眼尾处拉长。

Step 6 用棕色腮红，在颧骨上方，由后往前柔和地晕染开来。

人见人爱·小猫眼妆

现在最IN的妆容，就是猫眼妆。猫眼妆独特的神秘迷魅，确实能让女人散发难以抗拒的性感。微微扬起的眼线、低调的眼影和浓密的上下睫毛，就是小猫眼妆的最大亮点。这么精致的眼妆，别以为有多高深，其实只需5步就可打造出来了。

Step 1

选择眼线胶，以手稍提拉起眼皮后，从后眼角拉出约0.5厘米长的眼线。

Step 2

选择银色眼影，从眼凸处慢慢往眼头晕开，之后再往眼尾晕开。

Step 3

用银色眼影加强眉骨的立体度，饱和度可以淡一点。

以同样的眼影色，画在下眼头，并轻轻地往眼球中间晕开。

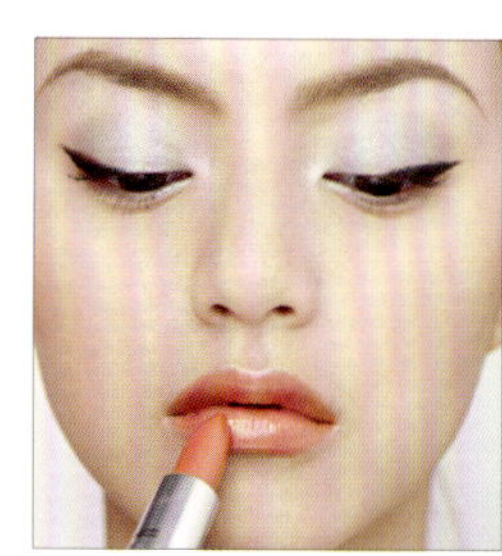

Step 5

选择橘色系口红，增加妆容的戏剧感。

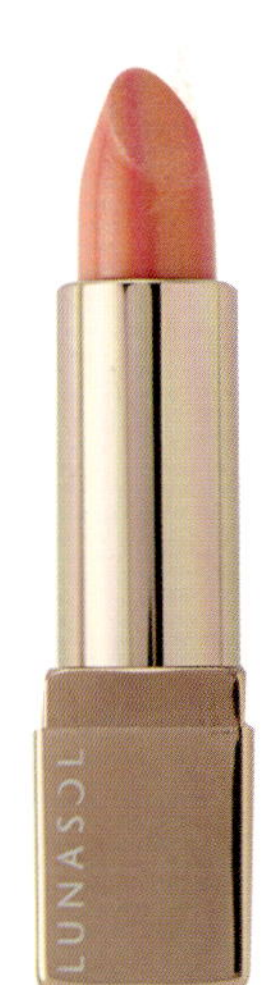

立体小颜·慵懒公主妆

这款妆容可是很多女生的最爱，它会让你慵懒中透着甜美，如果你也是一个喜欢窝在家里的宅公主，就一定要学会这个妆容哦。在家里欣赏美美的自己，外面的世界都是浮云。

Step 1

以眼影刷蘸取浅紫色眼影，从眼头晕染到眼睛中间。

Step 2

后半段用紫色眼影，从后眼尾向眼窝处往前刷开，要与浅紫色的边缘交叠融合。

Step 3

在眉骨上刷上白色眼影。

Step 4

为使眼睛轮廓更加突显，从眼头画到眼尾，可用笔尖处画上墨绿色眼线。

Step 5

当眼线画到眼尾时，记得轻轻提拉眼尾，并往后拉长约0.3厘米。

Step 6

下眼影部分，可以选用紫色眼影，来加强眼尾的色彩。

神秘冷艳 · 烟熏妆

烟熏妆是永不落伍的流行。无论是参加Party还是约会，烟熏妆都是最能UP女王气场的妆容，也是最多人想学却总是化不好的妆，在我看了太多将烟熏妆化成灾难宽眼线妆的惨案后，这次将教给大家新手都能轻松学会的化法。

Step 1

用浅咖啡色眼影，从眉头下方顺着眼窝涂上，加强立体感。

Step 2

用蓝色眼线笔，画出约0.5厘米宽的眼线，并晕开边缘。

Step 3 选同色系的眼影，从后眼尾往前柔和地晕染开来，越靠近眼头的颜色要越浅。

Step 4

用同色眼影晕开边缘位置。

日系酷感 · 辣妹妆

日系酷感妆的打造重点在眼妆，酷感十足的眼神才能完美地表现出这个妆容的特点。

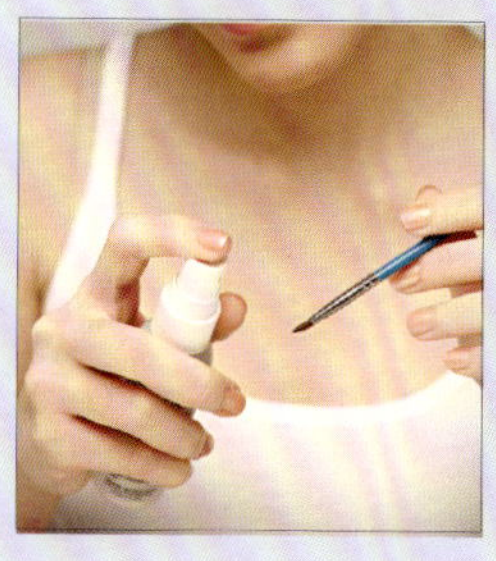

Step 1

先将刷子两面都喷湿，再蘸上眼影，便可加强眼影的附着力与饱和度。

Step 2

蘸上绿色眼影后，在靠近睫毛的根部，以画眼线的方式描绘出线条。

Step 3

用同色的眼影，由后眼角往前晕染到眼头。

Step 4

从眼尾往后平拉出约0.3厘米的延伸眼线。

Step 5

在睫毛根部画上黑色眼线液即可。

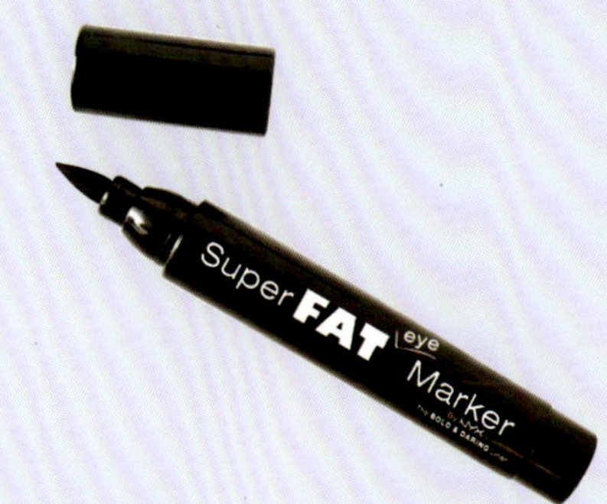

阳光美肤·小麦妆

碧海，蓝天，沙滩，小麦色皮肤，满足了所有人对夏天的幻想。酷爱夏日的你一定要尝试一下这款小麦妆哦。

Step 1

先用咖啡色修容饼，由发际处往前沿着颧骨做修饰，越靠近笑肌处，颜色越淡。

Step 2

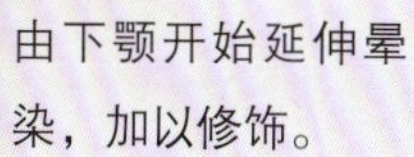

由下颚开始延伸晕染，加以修饰。

Step 3

使用古铜色修容饼，由笑肌沿着颧骨上方柔和晕开。

Step 4

可用咖啡金眼影加强轮廓。

大师神技P.S.

想要拥有健康的肤色，可以在粉底里加进古铜色的珠光液，但要注意不要加太多，以免影响粉底的延展性，而不易推匀。

迷魅电眼·诱惑妆

充满诱惑力的电眼可是谁都抵挡不了的哦。厌倦了平淡生活的你偶尔尝试一下这款妆容，心情也会不一样呢。

Step 1

先用灰绿色眼影，从睫毛根部开始画到1/2处。

Step 2

使用刷子，直立式拿法，在眼窝上来回刷拭。

Step 3

用黑色眼线胶，从眼头拉到眼尾，宽度约0.5厘米。

Step 4

在睫毛的上方画上约0.3厘米宽的眼线。

Step 5

用灰绿色眼影，从眼尾往前，以点压的方式，在睫毛根部画出眼影。

Step 6

在眼影内侧靠近睫毛根部，加强眼线的描绘。

Step 7

用浅色眼影加强立体感。

Gossip Girl
妆色当道 爱我所爱

沁蓝明眸 · 洛丽塔妆

每个女孩心里都有一个洛丽塔，白皙粉嫩的婴儿般肌肤，清澈的蓝色眼影，长长卷翘的睫毛，水润果冻般的双唇，能让你在瞬间绽放无限的迷人魅力。

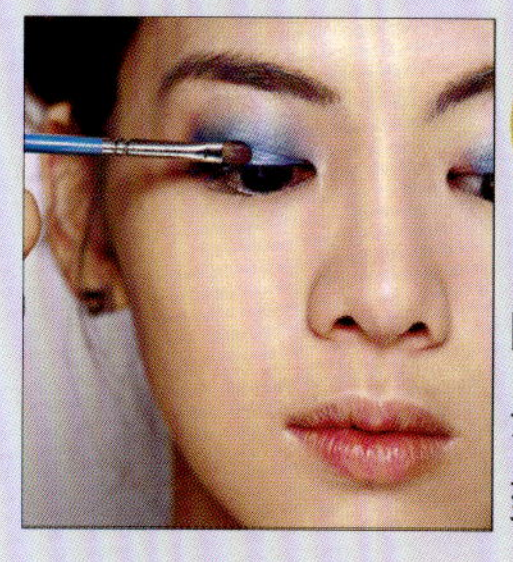

Step 1

以眼影刷蘸取蓝色眼影，从睫毛根部开始刷起，并晕染到眼窝上。

Step 2

眼影刷在眼窝边缘来回刷拭，晕染出渐层感。

Step 3

以黑色眼影，从中段开始晕染到眼头和眼尾。

Step 4

使用眼线胶，在睫毛上方，画出约0.3厘米宽的眼线。

Step 5

使用蓝色眼影，从眼尾到眼头以点压的方式，在睫毛根部画出0.3厘米宽的眼影。

Step 6

接着再加强粗黑色的内眼线。

神秘圣诞·女爵妆

圣诞来临，当你身边的人都是甜美风的妆容，你却想彰显个性，那么不妨尝试一下别具一格的女爵妆吧，酷酷的感觉绝对是个不错的选择哦。

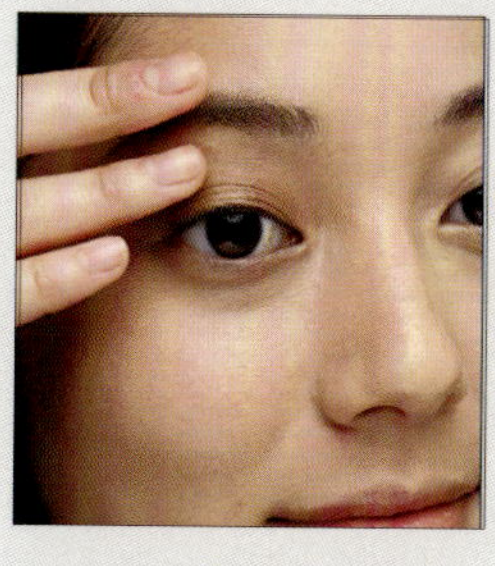

Step1

使用金色眼影，从眼头轻轻晕染到眼窝的地方。

Step2

在下眼尾画上紫色眼影。

Step3

在下眼线二分之一处，轻轻画上绿色眼线。

Step4

在下眼睑处，画上内眼线。

Step5

最后涂上粉色系唇膏。

大胆玩色 · 摩登妆

浓郁的烟熏、夸张上挑的眼线与浓重闪耀的配饰互相辉映，蓬松鬈发打造舞台女王的美丽冲击力。

Step 1

先使用明亮度较高的金色眼影，打在眼凸中间处，然后轻轻晕开。

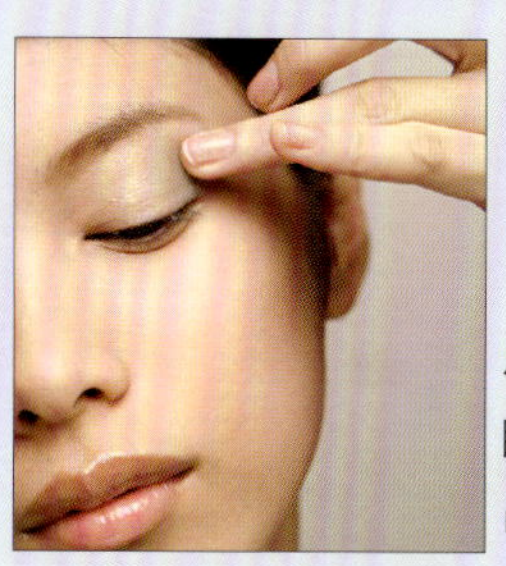

Step 2

用浅绿色眼影，从眼尾三分之一处往中间晕染开。

Step 3

选择深色湖水绿的眼影， 在后眼角靠近睫毛处，轻轻叠压上，让眼影自然融合，立显层次。

Step 4

用淡紫色的眼影，由眼头往眼窝处晕开。

Step 5

用深紫色眼影，打在眉头下方，并与眉头连接晕开，以加强层次。

Step 6

用同一深紫色眼影，画上眼线。

Step 7

在颧骨上方刷上橘色的腮红，妆感更可爱。

漫游秋色·柔美妆

想象着自己沐浴在温和柔美的阳光下，感受着阵阵秋风带来的味道。柔和而温暖的橙色系是最适合秋天的颜色，而且特别能表现东方女性特有的魅力。

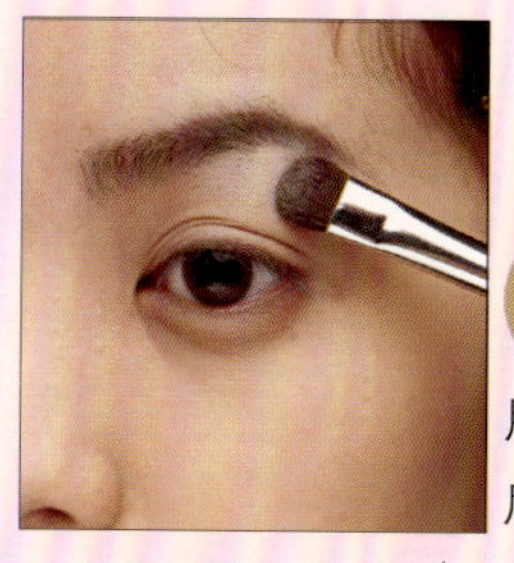

Step 1

用白色眼影来打亮眉骨。

Step 2

用大眼影刷蘸取金橘色眼影，以大面积刷扫的方式，刷满整个眼窝。

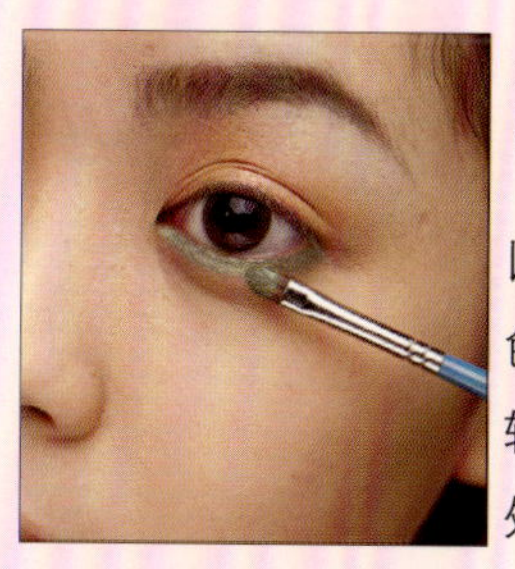

Step 3

以小眼影刷蘸取绿色眼影，由后眼角轻轻晕染至眼头处。

Step 4

以黑色眼线笔，从后眼尾处轻轻地往眼头描绘，层次效果会更佳。

Step 5

最后，刷上睫毛膏就完成了。

古小伟新年祝福独家单曲，献给与美丽一路同行的你！

属于我们的歌

词:古小伟 曲：姚云

手中握着粉底刷 它懂我心中的话
颜色透露心情 曾有你我特别开心
我不善于去表达 用时间证明说话
为你写一首歌记录我们这段爱情

无论 你在哪里 烦恼不开心
我都能心电感应
所以 这首歌里 没忧伤情绪、
只有一切美好回忆

满满的牵挂 满满的表达
就是我很爱你也不会虚假等你
浪漫的情话 如今自问自答
还好有首属于我们曾经的歌

朋友聚会喝到挂 跑到山顶说情话
星星都已累了我们俩才开车回家
你陪我宅窝在家 看着电影吃着虾
夜晚出行我愿为你化最美的晚妆

无论 你在哪里 曾有的回忆
占据我所有思绪
所以 这首歌里 略显不正经
分开了我还是爱你

满满的牵挂 满满的表达
就是我很爱你也不会虚假等你
浪漫的情话 如今自问自答
还好有首属于我们曾经的歌

路过的风景再多 请记得我
多想守护你 一直到永久

满满的牵挂 满满的表达
就是我很爱你也不会虚假等你
浪漫的情话 如今自问自答
永远记得属于我们曾经的歌

OP:唱戏世界娱乐事业有限公司
SP:唱戏世界娱乐事业有限公司
制作&发行 Production & Published: 唱戏世界娱乐事业有限公司
发行人 Publisher : 林世豪 Lisley
制作人Producer: 董修铭
编曲Arranger: 吴俊毅
吉他Guitar: Bryan
录音师Recording Engineer: 吴俊毅
录音室 Recording studio: Push Studio 、 BWG Studio
混音师 Mixing Engineer: 吴睿杰
和声编写Background Vocal Arrangement: 蔡显观
和声Background Vocal: 路易
母带后期处理制作人Mastering Producer: 董修铭
母带后期处理工程师Mastering Engineer: 吴睿杰